上海自然博物馆
Shanghai Natural History Museum
上海科技馆分馆
(The Branch of Shanghai Science and Technology Museum)

童话里走出的渡渡鸟

主　编　余一鸣

副主编　王晓丹

多样的生命世界

悦读自然系列

少年儿童出版社

多样的生命世界·悦读自然系列
编委会

总主编

王小明

执行主编

何　鑫

本　册

主　编

余一鸣

副主编

王晓丹

统　稿

葛致远

科学审读

何　鑫

撰 稿

（以姓氏笔画为序）

王吉安　王军馥　毛红玮　邓　卓　叶蔚然　朱　莹　朱恬骅　朱筱萱
自博君　刘妍静　刘雨邑　李　媛　何　鑫　谷国强　宋婉莉　张　昱
陈雨茜　卓京鸿　赵　妍　胡运彪　饶琳莉　徐　蕾　曹　艳　曹晓华
葛致远

供 图

（以姓氏笔画为序）

王晓丹　叶蔚然　李必成　何　鑫

部分图源

视觉中国

有声播讲

杨　旭

目录

芦苇丛中的国宝

文／自博君

震旦鸦雀

　　1871 年，一位法国神父在中国江苏的长江边，偶然
发现了一只他从未见过的鸟。他用素描把这只小鸟画了
下来，并且把这只鸟的标本带回去请他的鸟类专家朋友
鉴定。他的朋友也表示从来没有见过这种鸟，经过形态
测量和科学描述后，判定它属于鸦雀一类，并最终定名
Paradoxornis heudei，中文名则称为震旦鸦雀。

震旦雅雀体长约 20 厘米，虽然它的躯干本体和麻雀差不多大，但长长的尾羽却是麻雀望尘莫及的。它的英文名叫作"parrotbill"，即鹦鹉嘴的意思，因为它长着一个如鹦鹉般厚实的黄色喙部，这也是它的重要特征之一。显著的黑色眉纹，颈部以下以黄赭色或浅赭色为主的配色，也让它在一众鸦雀中有着极高的辨识度。它们主要生活在中国北方一些区域和长江中下游地区，是一种高度依赖芦苇栖息地的鸟类。它们以芦苇为家，觅食、繁殖都在芦苇地中进行，不善于长距离飞行，因此不作长距离迁徙，大部分时间都在芦苇丛里跳来跳去。震旦鸦雀的脚趾很长，便于紧紧地握住芦苇秆，灵活地在秆上上上下下。

　　这种鸟的食物多是芦苇的害虫。它们获取食物的方式很特别，会用像鹦鹉一样带尖钩的粗壮喙，用力剥开芦苇的叶鞘，找出隐藏在里面的虫子和虫卵。每年的秋季和整个越冬期，震旦鸦雀主要依靠芦苇上这些小小的虫卵来维持生活，由于这些虫卵的个体实在太小，震旦鸦雀就必须增加食物的摄入量。要想不饿肚子，就得不停地在芦苇间奔波，啄来啄去，经常需要搜索一大片的芦苇地才能找到足够的食物果腹。

震旦鸦雀觅食

这种情况要一直持续到春天，气温回升，万物复苏之时。等到芦苇换上了绿装，芦苇里的昆虫也就渐渐多了起来，寻找食物的难度降低了不少。而每年四月至十月初，食物最充沛的季节，也正是震旦鸦雀繁殖交配、哺育后代的关键时期。

随着求偶行动的展开，芦苇荡里顿时热闹非凡，常常能见到成双成对的震旦鸦雀疾速飞来，又一阵风似的轰然而去。震旦鸦雀算得上是鸟类中的模范夫妻，雌鸟和雄鸟交配以后，就开始一同选择筑巢的地方，一同收集筑巢的材料。筑巢的大部分材料取自芦苇的茎秆和叶子。震旦鸦雀一般每窝产卵 2～6 个，一天产一个，一年可以繁殖 1～3 窝。震旦鸦雀的孵化期一般为 12 天，雌雄两只鸟轮流孵卵。等雏鸟破壳后，哺育后代的工作也由父母双方共同完成。震旦鸦雀很爱清洁，为了保持鸟巢内的清洁，防止细菌滋生，大鸟在喂食后，会及时处理掉巢内的粪便和杂物。大鸟在百忙之中，还得常常爬到芦苇秆头站岗放哨，察看附近有没有危险的迹象。

等小鸟渐渐长大，鸟巢内开始慢慢变得拥挤，这时候，小鸟们也到了即将离巢，去适应芦苇荡生活的时候了。为了锻炼小鸟的体力，亲鸟会有意识地用食物引诱小鸟，让小鸟们尽可能地探出身子，扇动翅膀。

震旦鸦雀亲鸟与幼鸟

离开巢穴后，小鸟们仍将在亲鸟的监护下继续成长，练习飞行和生存技巧。

2010年，华东师范大学等单位通过专题调研后发现，仅在上海沿海就至少生活着3万只以上的震旦鸦雀，上海是其重要的生存繁衍地。但是，湿地的减少、外来入侵物种互花米草的扩散、芦苇植被的萎缩，以及对芦苇不留余地的收割，这些都对作为我国特有珍稀物种——震旦鸦雀的未来存续造成了重大威胁。

震旦鸦雀育雏

"震旦"之名

　　发现震旦鸦雀的法国神父中文名叫韩伯禄（Pierre Heude），他也是中国第一座自然博物馆"徐家汇博物院"的创始人。震旦鸦雀以这位法国神父的名字来命名：*Paradoxornis heudei*。"震旦"是古代印度人对于中国的称呼，以"震旦"命名，也表示这种鸟是中国所特有的。

清晨的小鸟"闹钟"

文 / 何　鑫

　　上海城区最常见的四种鸟，麻雀、珠颈斑鸠、乌鸫和白头鹎，素有"四大金刚"之称，其中最喜鸣叫的当属白头鹎，它们性格活泼，每天清晨那些唤醒你的清亮鸟叫声多半都来自它们。

　　白头鹎属于雀形目中的鹎科（Pycnonotidae），拉丁学名 *Pycnonotus sinensis* 中的 *sinensis* 意为"中华"的意思，它的野外分布区域主要集中在中国东部及南部地区，因此也被称为中华鹎，英文名是 Chinese bulbul。白头鹎共有四个亚种，分别是在我国东部地区最常见的白头鹎指名亚种（*P. s. sinensis*），生活在两广一带的海南亚种（*P. s. hainanus*），仅在宝岛台湾可见的台湾亚种（*P. s. formosae*）以及分布在琉球群岛的琉球亚种（*P. s. orii*）。不同亚种之间除了分布区域和外观形态上有所差异，它们的鸣叫声也会因带有各自的地方"口音"而略有不同，成为白头鹎分类的依据之一。

白头鹎（何 鑫摄）

正如其名字所述，白头鹎最显著的特征就是黑色脑袋上醒目的白色，好像一大簇白发，所以人们习惯称它为白头翁。虽然很形象，但"白头鹎"似乎更能体现它鹎科鸟类的属性。有意思的是，并非所有的白头鹎都有"白头"。四个亚种中的海南亚种就不具备"白头"这个特征，头顶全黑。而在另外三个亚种中，白头鹎的这个"白头"也并非与生俱来，而是和其年龄息息相关。刚离巢的幼鸟其实脑袋都是灰褐色的，随着成长，枕部的白色羽毛才慢慢显现出来，而且会越来越显著。除了"白头"，白头鹎耳羽后部的白斑也是它的标志性特征之一。和麻雀相比，白头鹎的体形要大一些，整体上背部的羽毛呈现暗暗的灰绿色，翅膀和尾羽则呈现黄绿色，而体下则是浅浅的白色，它的另一个英文名 light-vented bulbul 正体现了这个体羽颜色的特点。

吃果子的白头鹎（何 鑫摄）

　　白头鹎作为一种高度适应城市生活的鸟类，不挑食是它们能在城市中生生不息的重要秘诀之一。白头鹎食性庞杂，不仅对人类丢弃的各种食物来者不拒，城市中各种新鲜可口的天然食材也是它们日常觅食追寻的目标。每到果树成熟的季节，小到香樟、女贞等常见绿化植物结的浆果，大到公园种植的樱桃、枇杷、柿子，白头鹎总是最早落在枝头尝鲜的食客之一。作为一种成群活动的鸟类，当第一只白头鹎发现目标，带头啄起了果实，后面的同伴便会很快接踵而至，站满果树枝头开始大快朵颐。但白头鹎并不是素食爱好者，如果遇见富含蛋白质的昆虫，它们可不会轻易放过，豆娘、蚱蜢等这些城市常见昆虫也是它们钟爱的美食。特别是育雏期间，为了能让雏鸟尽快长大，早日离巢，雏鸟成长所需的绝大部分营养都来自亲鸟辛苦抓来的昆虫。

每年春末是白头鹎的繁殖季节，雄性白头鹎会站在树枝高处、电线杆上部等显眼的地方放声高歌，目的就是为了向其他同类表明自己的存在，划清地盘的同时吸引异性的目光，为自己赢取交配繁殖的机会。配对成功以后，它们便会在城市公园绿地的小树林或灌木丛中，精心编制出一个形状似小碗的鸟巢用来孵育后代。白头鹎一年可以繁殖 1～2 窝，每窝通常产卵 3～5 枚，雏鸟会由雌雄亲鸟共同哺育，大约半个多月后雏鸟便能离巢活动了。离巢后的雏鸟并不会马上独自离去，而是会继续跟随亲鸟生活一段时间，其间从完全由亲鸟给它们提供食物逐渐转向自主觅食。同时这也是幼鸟非常重要的学飞时间，在亲鸟的鼓励下努力扇动翅膀，从滑翔开始慢慢飞向蓝天。

路边的幼鸟

每到初夏时节，正逢许多幼鸟离巢之际，有时会在路边发现无助的小鸟。如果小鸟的飞羽已经基本长成，而且身上没有受伤的话，那它很可能就是一只已经离巢的幼鸟。幼鸟刚离巢时由于飞行能力尚弱，需要勤加练习，常常会出现在较低处的树枝、草地或者道路上。此时的它如果不是处于危险路面的话，是不需要人为介入"救助"的。如果它正处在道路中央等危险地段，可以将它放在附近较高的树杈上，通常亲鸟就在附近悄悄观察，待人走远后它们就会去认领小鸟了。

童话里走出的渡渡鸟

文 / 徐　蕾　毛红玮　朱恬骅

《爱丽丝梦游仙境》插画中的渡渡鸟

　　渡渡鸟是当人们谈论灭绝鸟类时最常被提及的对象之一，而它的家喻户晓和著名英国奇幻儿童小说《爱丽丝梦游仙境》的广泛传播密不可分。《爱丽丝梦游仙境》的作者路易斯·卡罗尔是牛津大学的学生，在校期间特别爱光顾牛津大学的自然历史博物馆，据说就是博物馆里关于渡渡鸟的绘画和复原标本形象激发了他的灵感，创作了小说中说话口吃，还爱用莎士比亚的姿势思考问题的渡渡鸟形象。小说大受好评，也让人们对现实中的渡渡鸟产生了浓厚的兴趣。

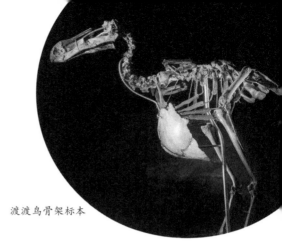

渡渡鸟骨架标本

其实直到 18 世纪，关于渡渡鸟是否真的存在还是一个谜，对它的研究甚至被认为是一场科学骗局。直到 1865 年，一位名叫乔治·克拉克的教师在毛里求斯的一片沼泽地里发现了数百块渡渡鸟骨头，至此人们才相信，原来渡渡鸟并不是虚构的，它们真真实实地在地球上存在过。

渡渡鸟（*Raphus cucullatus*）属于鸽形目鸠鸽科渡渡鸟属，是一种已经灭绝的鸟类。它曾生活在非洲东部的一个岛国——毛里求斯，至今毛里求斯的国徽上依然保留有渡渡鸟的形象。葡萄牙人于 1507 年到过这里，但没有留下关于渡渡鸟的文字记录，直到 1598 年荷兰人来到这里，才首次记载了渡渡鸟的存在。

长久以来，渡渡鸟一直给人一种肥胖、愚蠢的印象。这和早期绘画中的渡渡鸟都被画得巨硕肥胖有关。2002 年 2 月，苏格兰皇家博物馆的生物学家安德鲁·基奇纳 (Andrew Kitchener) 在他的一篇关于渡渡鸟的研究报告中指出，那些古老的图片中记录的可能并非自然状态下渡渡鸟的模样，而是被俘获后过度长胖的渡渡鸟的形象。毛里求斯的气候干湿交替，渡渡鸟必须在食物丰富的潮湿季节储存大量脂肪，以抵抗干燥季节时的食物不足。因此，一旦被俘获圈养，有了人类提供的充足食物，渡渡鸟就非常容易变得肥胖。此外，由于岛上物产丰富且没有天敌，渡渡鸟在演化的道路上逐渐失去了飞行的能力和对于外来者的戒备。它们对突然出现在岛上的人类充满了好奇，不但不怕人而且还主动靠近，甚至跳到了舢板上。当一只渡渡鸟被抓后，它的惨叫声不仅没有把其他同类吓跑，反而吸引来了更多的同类，给人一种它们"愚蠢"的感觉，甚至有人认为"愚蠢"才是它们灭绝的真正原因。

事实是，人类的到来严重打乱了毛里求斯岛上原本的生态平衡。在之后的 17 世纪，越来越多的欧洲人来到这里。人类在毛里求斯岛上的活动使渡渡鸟的命运发生了翻天覆地的改变。位于航路上的毛里求斯成为了海上船只重要的补给站。虽然味道不算鲜美，但易于捕捉的渡渡鸟还是成为船员们的蛋白质来源之一。除此以外，人们对于岛上树木的砍伐也严重破坏了渡渡鸟赖以生存的栖息地。还有个巨大的威胁就是随船而来的其他生物。人类登岛的同时还带来了其他动物，如猫、狗、家猪、老鼠，还有吃螃蟹的猕猴。这些入侵物种不仅会占据和破坏渡渡鸟的鸟巢，取食渡渡鸟的鸟蛋，还会和渡渡鸟争夺有限的食物资源。在这么多因素的综合作用之下，从被人类发现并记录，只用了不到 100 年的时间，渡渡鸟就彻底从地球上消失了。

渡渡鸟复原图

渡渡鸟的名字由来

"渡渡鸟"名字的由来一直存在许多争议。

第一种说法认为，这个名称很可能由小鹦鹉的荷兰语名称"dodaars"演变而来，因为当时人们觉得这两种鸟尾部的羽毛形状与笨拙的走路姿势非常相似，故很有可能因为相互混淆而取了相同的名字，再逐渐演变而来。

第二种说法，"dodo"一词来自葡萄牙语的"doudo"或"doido"，为愚笨之意，当初可能来自渡渡鸟蠢肥的体形和不惧人类的习性。

第三种说法，自然作家大卫·达曼在他的《渡渡鸟之歌》一书中曾做出解释，渡渡鸟的名字源于其叫声的拟声词"渡渡"。

上海自然博物馆生命
记忆长廊中的渡渡鸟

鸮面鹦鹉罗曼史

文 / 徐 蕾 曹 艳

鸮面鹦鹉

鸮面鹦鹉（*Strigops habroptila*）是一种生活在新西兰的非常另类的鹦鹉，它凭借着一副像猫头鹰一样的萌宠面盘走红网络。而且，它的特别之处真不少，它是现存唯一不会飞的鹦鹉，也是最重的鹦鹉，还可能是世界上最长寿的鸟，据说正常情况下鸮面鹦鹉寿命长达120年。

因为失去了飞行能力，鸮面鹦鹉的羽毛也失去了一些羽小钩构造，整体看起来总是蓬蓬松松的，很柔软；它还发展出了一双善于行走的大脚，不过作为攀禽——鹦鹉家族的一员，它们仍具有爬树的本领，只是下树的时候需要张开那已经退化的翅膀充当降落伞，起到缓冲作用。

鸮面鹦鹉是新西兰特有鸟类，生活在丛林里，浑身绿油油的，还夹杂着黄色和黑色斑驳的色彩，使得它完全与丛林背景融为一体。

但是人类来到新西兰之后，带来了很多猫、鼠等哺乳动物，保护色这招对于嗅觉灵敏的哺乳动物就不管用了。不仅如此，猫、鼠还会偷吃鸟蛋和幼鸟，导致鸮面鹦鹉数量急剧下降，曾经广布全岛的鸮面鹦鹉到 1900 年已不足 60 只。为此人们采取紧急措施，将幸存的鸟儿送到新西兰周边几个没有猫、鼠及其他哺乳动物的岛上，悉心照料，目前鸮面鹦鹉的种群数量已经恢复到了 140 只以上。

鸮面鹦鹉羽毛特写

一对鸮面鹦鹉

鸮面鹦鹉的求偶行为在鸟类中独树一帜。雄性鸮面鹦鹉获得异性青睐就靠"两把刷子"：修建求偶"竞技场"，外加"情歌赛"。这在鹦鹉里又是独一无二的。

每隔 2～4 年，鸮面鹦鹉最喜爱的芮木树到了结果的大年，鸮面鹦鹉便开始它们的求偶大赛。此时，雄鸟纷纷离开自己宅居的地方，找一处合适的地点，先清理场地，然后各自使出浑身解数刨坑，最后每只雄鸟都为自己做出了一个碗状的浅坑，周边还有专用小径可以让雌鸟进入，所有雄鸟的"碗和小径系统"都建在一起，形成一个求偶竞技场，范围超过 200 米。

此时雄鸟们就开始各自在自家的"碗"里唱情歌，它们的发声方式也很专业，是靠喉部的气囊膨胀，吸入空气，然后雄鸟会进入一种昏昏然状态，胸部膨大，把自己弄得像个发声机器一般，每隔2秒就发出类似"booming"的声音，这种声音可以传递到数千米以外，因为它们建造的这个小"碗"具有放大声音的效果，能起到扩音器的作用。在长达3～5个月的繁殖季里，雄鸟可以整夜发出这种声音，而雌鸟会挑选自己喜欢的声音，然后沿着小径进入对方的"碗"里，此时雄鸟会发出另一种较为高亢的"chinging"的声音继续吸引雌鸟，还会跳起自编的"拍翅舞"，向雌鸟大献殷勤，希望获得它的芳心。

鸮面鹦鹉求偶

由研究人员精心照顾的鸮面鹦鹉雏鸟

如此繁复的求偶仪式，在整个"鸟界"也是极为罕见的，而雄鸟的精力几乎都花在这个仪式里了，后面哺育后代的任务都由雌鸟独立完成。婚礼结束，雌鸟就会回到自己的窝里，等待宝宝的降临。一般每窝会生1～4个鸟蛋，孵化时间大约29天。幼鸟属于晚成鸟，需要雌鸟哺育长达9个月的时间，才能独立生活。一般雄鸟需要6年、雌鸟需要9年时间才会发育成熟。

虽然现在只剩下百余只鸮面鹦鹉，但它们作为新西兰的国宝级鸟类，全部享受着人类的精心呵护，每一只都有自己的名字。希望有一天，它们能够再次扩大自己的族群，自由地生活在丛林中。

鹦鹉之声

鸮面鹦鹉可以发出三种不同的鸣叫声，分别为"booming""chinging"和"skraaking"。雄性在繁殖季节会发出低沉的"booming"和喘息般的"chinging"，雌雄性都能发出高亢的"skraaking"声。在整个繁殖季，雄性鸮面鹦鹉每晚鸣叫约8小时，每小时发出近1000次"booming"声。整个鸣叫时长可达3～4个月，经过这个阶段，它们将失去近一半的体重。

鸳鸯是爱情的化身吗

文 / 谷国强

鸳鸯雌鸟与雄鸟

在中华传统文化中，鸳鸯一直被认为是爱情的象征，民间将其视为"爱情鸟"的原型。但在古时，鸳鸯最初其实是兄弟的象征。南朝《文选》中《苏子卿诗四首》的第一首写道："昔为鸳和鸯，今为参与辰。"这是一首兄弟之间赠别的诗，其中的鸳鸯就是用来形容骨肉兄弟间亲密的关系。魏人嵇康在他的《赠兄秀才入军诗》中也同样用"鸳鸯"来代指兄弟间的和睦友好。

直到唐朝诗人卢照邻的诗句"得成比目何辞死，愿作鸳鸯不羡仙" 中第一次将情侣比作鸳鸯，勾勒出了一种唯美的爱情寓意。由此开始，后来的文人墨客竞相效仿，鸳鸯成为了相亲相爱、白头偕老的表率，人们心中的爱情典范。

　　可惜鸳鸯的爱情故事只是人们的美好臆想，真实世界中的鸳鸯并非终生配偶制。成双入对、恩恩爱爱，羡煞人间小儿女的关系只在繁殖期内维持。有时即使在同一生育周期内，雄鸳鸯也是会和其他的雌鸳鸯保持关系的。

鸳鸯（*Aix galericulata*）属于雁形目鸭科，是一种典型的二型性鸟类，雌雄在外观上有明显区别。雄性鸳鸯拥有光鲜艳丽的繁殖羽色，三级飞羽特化成了独特的橙黄色帆状饰羽，很难被认错。而雌鸟则颜色暗淡，以灰褐色为主，眼周醒目的白色眼圈一直延伸到眼后，这样的外表使它们能更好地在野外和环境融为一体，保护自己和雏鸟不被掠食者轻易发现。雄鸟在繁殖季后会换上和雌鸟非常相似的非繁殖羽，此时区别二者最简单的方式就是看它们喙的颜色，雄鸟的喙始终是红色的。不少有关鸳鸯的文化产品会忽略雌鸟的特征，比如民间喜庆场合中用的搪瓷盆上，印的常常是两只雄鸟。明代陈洪绶的作品《荷花鸳鸯图》中所绘的一对鸳鸯也都是羽色艳丽，与真实的雌鸳鸯不符。

繁殖季节的雄鸳鸯除了会穿上一身美丽的羽衣外，还会通过完成一系列求偶炫耀行为来吸引雌鸟的关注，同时雌鸟也会根据雄鸟的表现来判断雄鸟的身体素质，择优录取。发情期的鸳鸯一天会交尾两次以上，但每次交尾仅几秒钟，而且与大多数游禽一样，在水中完成。配对成功后雄鸟会守护在雌鸟身边，但并不会参与孵蛋的工作，也不会逗留很久。当鸟蛋开始陆续孵化前雄鸟就会离开，留下雌鸟独自承担接下来的育雏工作。

鸳鸯雏鸟

　　鸳鸯不像别的游禽，在地面或水上筑巢，它们会选择在离水源较近的树木高处的树洞中筑巢产蛋。由于它们不会自己凿洞，因此主要依赖现成的树洞进行繁殖，而树洞在自然界中属于比较稀少的资源，往往会出现"僧多粥少"的情况。这种情况下就促生了鸳鸯世界的巢寄生行为：找不到可用树洞的雌鸳鸯就会悄悄跑去别人家的树洞产蛋，最后雏鸟孵出来以后就由寄主妈妈负责照顾了。通常一窝鸳鸯蛋约在 9 ~ 12 只，但如果看到一只鸳鸯妈妈带着几十只小宝宝的场景也不必太过惊讶，这可能就是别的鸳鸯借洞下蛋的结果。

　　鸳鸯雏鸟和其他雁鸭类的雏鸟一样，属于早成鸟，出壳时就全身长满绒羽，第二天就能跟随母亲出去觅食和探索世界了。鸳鸯雏鸟破壳后的第一个挑战就是需要从高高的树洞下到地面，

鸳鸯雏鸟依次跳离树洞

有时候树洞离地可达近十米！母鸳鸯会率先出去，然后在地面不断呼唤雏鸟。在母亲的召唤下，雏鸟便会一个个纵身跃下，在土壤或草地的缓冲下安全着陆，然后和母亲一起奔赴最近的水池。如果附近有掠食者出现，雌鸳鸯会通过拍打水面等行为假装自己受伤，以此来吸引掠食者的注意，将它引离，保证雏鸟的安全。

真正"爱情鸟"

鸟类世界中确实存在着一些真正的"爱情鸟"。

比如信天翁，通常一生只有一个伴侣。有人对新西兰的信天翁进行研究，发现有两对鸟在 15 年后仍然保持着原来的配偶关系。再比如疣鼻天鹅，即使在非繁殖期也维持着原来的配偶关系，分手的概率不到 10%。还有一对白鹳夫妻，每年都会从不同的地方，不远千里飞到它们在克罗地亚的"家"繁衍后代，这个"异地恋"持续了整整 18 年。

其他如大雁、渡鸦、鹦鹉等，配偶关系也能保持多年乃至终身。

信天翁　　疣鼻天鹅

高原上的马尾辫

文 / 赵　妍

在我国的高原山地生活着一类体形较大的雉鸡，它们的尾羽长而翘，末端向下垂曲，像马尾一样举于身后，因此得名"马鸡"。

马鸡属（*Crossoptilon*）共包括 4 个独立种，即白马鸡（*C. crossoptilon*）、蓝马鸡（*C. auritum*）、褐马鸡（*C. mantchuricum*）和藏马鸡（*C. harmani*）。白马鸡和蓝马鸡大都生活于西南林地，褐马鸡主要分布在华北地区的山林之中。乍一看，它们外观相近，只有羽毛的颜色存在明显的差异，因此人们根据羽色将它们命名区分。唯有藏马鸡是以分布地域命名的。很长一段时间内，人们都认为马鸡属仅在中国有分布，将它视为中国特有属，直至后来在印度也发现了一些藏马鸡的踪迹。因此，马鸡家族中实际上只有白马鸡、蓝马鸡和褐马鸡是中国特有种。

白马鸡

　　白马鸡，又名雪雉，鸟如其名，通体白色为主，搭配灰褐色的飞羽和灰绿蓝色的尾羽，具有极高的辨识度。白马鸡是典型的高原鸟类，生活在海拔 3000 米至雪线之间的高原。多结成 20 ～ 30 只的小群活动，常见与血雉（*Ithaginis cruentus*）、雉鹑（*Tetraophasis obscurus*）等其他鸟种混群，不喜欢空旷平阔的环境，有时会结群活动至藏民生活区附近。白马鸡从天一亮就开始活动和觅食，一直到黄昏。常在早晨和傍晚鸣叫，鸣声洪亮而短促，好像"咯咯咯"的声音，很远都能听到。

　　褐马鸡，中央尾羽特别长，腿短身长，昂首挺胸，活脱脱像一匹骏马。雄性褐马鸡天生好

褐马鸡

斗，据传汉武帝刘彻举办了一场斗鸡活动，两只褐马鸡在圈内拼命争斗，其中一只褐马鸡被啄瞎双眼，仍然勇敢地冲向对方，直到倒地而死。汉武帝对群臣们说："武将就应该有这种精神：勇往直前，至死乃止，这样才能安邦定国。朕今授之以鹖冠，以资鼓励。"于是，满场武将纷纷将褐马鸡长尾羽插在帽盔上，褐马鸡的尾羽也成为了英勇善战的象征。"鹖冠之制"一直保留至清朝，清朝官员头上的顶戴花翎，其中的"蓝翎"就是将褐马鸡的羽毛染成蓝色后制成的，通常赐予六品以下的侍卫官员佩戴。

　　褐马鸡在国际上的知名度很高，几乎与大熊猫齐名，被世界雉类协会置于会徽上。蓝马鸡，头侧绯红，耳羽簇白色，突出于颈部顶上，通体蓝灰色，中央尾羽特长而翘起。蓝马鸡分布于中国的青海东部、内蒙古中部、甘肃南部、四川北部和宁夏北部。它们常常 10 ～ 30 只成群生活在一起，多在拂晓开始到树林中间觅食，其声粗而洪亮，边吃边叫，此起彼伏；中午便

蓝马鸡

隐匿于灌木丛中，很少出来活动；夜间结群于枝叶茂盛的树上，由低枝跳到更高的树枝，一直跳到接近顶端的树枝为止。早在 1983 年，蓝马鸡就被宁夏回族自治区人民政府定为宁夏的"区鸟"。

藏马鸡

　　藏马鸡是马鸡中体形最小的。

在西藏的一些寺庙附近，僧人们每天都会将一些青稞和谷物投喂给藏马鸡，藏马鸡也不畏人，每天会按时来到寺庙周围等候人的投喂。在西藏曲水县才纳乡的修赛寺，由于寺庙长期投喂，在该寺区域活动的藏马鸡散布于寺内各处，如同家禽。

　　马鸡是我国珍贵的动物资源，它们曾经在我国有着广泛而连续的地理分布，但随着栖息地的破坏、过度放牧、非法偷猎等人类活动，致使野生种群日渐稀少，分布区域不断被割裂和侵蚀，生存环境遭到严重破坏。目前，马鸡属所有种均受严格的法律保护，其中褐马鸡为国家一级重点保护野生动物，其余马鸡均为国家二级重点保护野生动物。

雌雄同靓

　　与其他雉科鸟类"俊男丑女"的性别差异不同，马鸡并非二型性鸟类，它们的雌性与雄性个体在外观上几乎一样，都身披美丽的羽衣，头顶黑色天鹅绒"软帽"，拥有粉红色的嘴喙、珊瑚红色的腿及爪，红彤彤的脸庞上镶嵌着一对金色眼睛，左右两道耳羽形似角；尾羽翘起，姿态秀丽，造型奇特。

一只奇特的"吊巢"

文 / 王军馥 谷国强

　　全球分布的攀雀科鸟类共有5属13种，主要分布于非洲的古北界。该科鸟类在我国境内有2属3种，分别为中华攀雀、白冠攀雀、火冠雀，前二者同属于攀雀属（*Remiz*），而最后一种则属于火冠雀属（*Cephalopyrus*）。其中在我国分布最广的当属中华攀雀（*Remiz consobrinus*），它们分布于欧亚大陆各地。在我国主要生活在包括黑龙江、吉林在内的东北地区，那里也是它们的繁殖区；冬季，它们会迁徙至日本、朝鲜和我国东部越冬，且更多在芦苇地或近水阔叶树间活动。

　　中华攀雀体形纤小，甚至比麻雀还要小一些。雄性顶冠灰色，背部棕色，与棕背伯劳一样有一个黑色"眼罩"，但如果仔细观察，就不难从体型和喙形上将二者区分开。中华攀雀的雌鸟和幼鸟的颜色偏暗，脸罩也较雄性更浅。

中华攀雀

中华攀雀通常集群活动，喜欢倒悬在芦苇秆和树枝上。它们是食虫性鸟类，各种昆虫是它们的最爱，虽然有时也会以植物种子为食。它们交流时会发出高调、柔细而动人的哨音"tsee"。

除了能在树枝上"倒挂金钟"，中华攀雀的英文名——Chinese penduline tit，还暴露了它的另一项绝活——做吊巢。"penduline"在英文中译为"做吊巢的鸟"，中华攀雀不仅善做吊巢，而且巢体精致，筑巢过程繁琐，绝对算得上是鸟类中的能工巧匠。

每年四月下旬至五月上旬，是中华攀雀的繁殖期。雄鸟会率先来到繁殖地，选择中意的筑巢位置。雄鸟一般会从周围寻找并衔取植物絮、畜毛及纤维等作为巢材，将巢材拉伸反复缠绕打结，作为巢的吊点，然后将纤维编织成一个圆环，再由圆环编织出一个有底的提篮，至此巢的雏形——"毛坯房"基本完工。

中华攀雀雄鸟筑造巢的雏形

　　此时，雄鸟并不急着"精装修"，而是在巢周围鸣唱，吸引雌鸟。如果雌鸟对"毛坯房"满意，它们就开始沿提篮底向上共筑爱巢，并用柳絮、羊毛等从内部增加巢的厚度和重量，防止被风吹掉。筑巢期间，寻找建筑材料的工作主要由雄鸟负责。为了找到合适的建材，它们有时也会"不择手段"。例如直接飞到山羊的背上拔毛，被"薅羊毛"的山羊猝不及防，也无可奈何。

　　修整后的巢上方有两个圆洞，之后其中一个通常会被封死，只留另一个作为进出、喂食等活动的通道。据估计，中华攀雀筑一个高 20 厘米、直径 10 厘米的吊巢大概要用时 20 天。

雄鸟鸣唱吸引雌鸟

中华攀雀的吊巢——"羊毛靴"

吊巢筑就后看上去活像一只"羊毛靴"，中华攀雀雌鸟便进入"羊毛靴"里开始孵化。经过14天左右的孵化期，就迎来了雏鸟破壳的日子。尽管是雌雄共筑吊巢，但哺育后代的责任通常由雌鸟独自承担。处于快速生长发育阶段的雏鸟，需要摄入大量的动物蛋白来保证成长所需的营养供给，所以雏鸟一出壳，雌鸟就马不停蹄地开始了为宝宝捉虫子的往返之旅。好在雏鸟长得很快，约20天后就可以离开鸟巢，探索陌生的世界了。

发现鸟巢

如果在野外发现有亲鸟在附近活动的鸟巢，请不要随意靠近和获取。尤其是在繁殖期，鸟儿们正忙着筑巢哺育后代，请给它们足够的空间和保护。如果捡到的是掉落在地上或者非繁殖季节时的弃巢，可以在对它进行简单清理后，放于通风干燥处保存，或将它赠送给自然博物馆，而且最好能记录下采集时巢的位置、巢树和周边环境等信息。

京剧盔头上的翎子

翎子的真相

文 / 王吉安

京剧中，经常可以看到演员头盔上高高竖起的羽毛，那就是翎子。然而并非什么角色都可以佩戴翎子，通常只有武将才配用翎子。因此，在舞台上频繁转头，翻动这种奇特斑斓装饰品的，大多是剧中的勇猛角色——青年将领、番王番将、山大王与神仙精怪。

至于这羽毛饰品，其实源于一种我国特有的珍稀鸟类——白冠长尾雉（*Syrmaticus reevesii*），有些地方称它为长尾鸡、花鸡。京剧行头中的翎子，传统上就是使用雄性白冠长尾雉长达 1 ~ 1.6 米的中央尾羽制成的，因此又被称为"雉尾"。

　　和雉科大家庭中的许多成员一样，白冠长尾雉雌雄异色，属于典型的二型性鸟类。相比雌鸟几乎通体褐色的朴素外观，雄鸟的羽色不仅颜色丰富而且还点缀有醒目的黑色鱼鳞斑，显得颇为雍容华丽。雌鸟的尾羽长约30厘米，虽然无法和雄鸟相媲美，但与体形相当的其他鸟类相比，仍然可以算得上修长了。

白冠长尾雉是典型的森林地栖鸟类，偏爱有高大乔木覆盖的山地森林。这些阔叶林或针阔混交林的高覆盖度和郁闭度有助于在地面活动的白冠长尾雉不被上空的猛禽天敌发现，林下开阔空旷的环境则有利于它们自由地活动与觅食。

白冠长尾雉是一种地方性留鸟，不像候鸟一样通过迁徙应对季节变化。它们在不同季节有不同的活动区域和活动节律。一天中，白冠长尾雉的两个活动高峰出现在上午 9 点左右（雄性个体约为 7:00—9:00，雌性个体约为 9:00—11:00）与傍晚 5 点左右，取食与移动是最频繁的活动，其余活动还有警戒、梳理、对抗、育幼和休息。

对于白冠长尾雉来说，温暖的夏季食物丰富，森林中有大量可轻易取食的草本植物与落果，是它们一年中取食行为比例最低、移动行为比例最高的季节。在缺乏食物的寒冷冬季，生存压力使白冠长尾雉的取食行为成为占比最大的活动，移动行为的比例则是全年最低。

白冠长尾雉倾向于集群活动。在冬天，为了提高觅食效率与躲避天敌，它们喜欢三五成群活动；为了延续下一代，繁殖前期也是一个集群活动的高峰期。有趣的是，一雄多雌集群中，雄性和雌性群体间一般保持 10 米左右的距离，雌鸟间的距离则紧凑得多（小于 5 米）。这种"男女有别"的现象是因为雌雄两性在体形、羽色上都相差悬殊，各自单独结群能更有效地减少被天敌发现的机会，同理，混群活动时保持距离也更为安

全。

　　历史上，白冠长尾雉曾广泛分布于我国中部与北部地区，而且其活动区域并非远离人

白冠长尾雉（雌雄同框）

群，靠近森林的农田和山间小道都会出现它们的踪迹。可是，近几十年来，生态环境破坏与栖息地的丧失，成了白冠长尾雉数量下降最主要的原因。栖息地缩小并逐渐岛屿化，有限的承载力使更小的森林面积只能支撑更小的种群。此外，白冠长尾雉在农田取食时，误食毒饵或被故意毒杀的情况时有发生。华丽的外表也为它们招来了不少杀身之祸。

　　如今，白冠长尾雉已被列为我国国家一级重点保护野生动物，现代戏剧的翎子大多也已用工厂量产的合成制品替代。

　　"豁翎子"与"接翎子"

　　上海方言中，有"豁翎子"与"接翎子"之说。出于不便明说或含蓄幽默等原因，比较婉转地表达自己的意思称为"豁翎子"；领会其暗示，则称为"接翎子"。其实，"豁翎子"源于昆曲中翎子生盔头上的两根翎子，上下飞舞，暗含着喜悦、惊恐、忧虑等种种信息，后延伸为人们之间的暗示就叫"翎子"。

最像凤凰的中华神鸟

文 / 葛致远　王吉安

　　在中华传统文化中，凤凰象征天下太平，一直被赋予崇高的地位，被誉为百鸟之王。但是，关于凤凰的原型究竟是什么却一直众说纷纭，很多人都倾向于是孔雀，觉得它是中华大地上与凤凰在外形上最接近的鸟。《西游记》第七十七回中更是将孔雀视为凤凰之子，"万物有走兽飞禽，走兽以麒麟为之长，飞禽以凤凰为之长。那凤凰又得交合之气，育生孔雀、大鹏"。

　　孔雀实际上是一个统称，属于鸟纲鸡形目雉科，共有2属3种，除去生活在非洲的刚果孔雀（*Afropavo congensis*），分布在亚洲的只有两个种，其一是蓝孔雀（*Pavo cristatus*），另一个就是绿孔雀（*Pavo muticus*）。

蓝孔雀虽然最为常见，但在中国，它和黑天鹅一样，是一个彻头彻尾的外来种。蓝孔雀的原产地是南亚的巴基斯坦、印度和斯里兰卡地区。而绿孔雀才是在我国土生土长的本土物种。绿孔雀共有三个亚种，其中在我国有分布的是云南亚种（*Pavo muticus imperator*），历史上曾广布湖南、湖北、四川、广东、广西、云南，现在的分布区为云南西南部、南部及东南部。所以如果凤凰的原型是一种本土孔雀的话，那绿孔雀自然是不二的选择。

绿孔雀

　　乍看，蓝孔雀和绿孔雀在外形上颇为相似，但若仔细观察，它们还是存在诸多不同之处的。蓝孔雀的面部仅有蓝白两色，从面部一直延伸到颈部的是带有金属光泽的纯蓝丝状羽毛，翅膀上有明显的虎斑花纹。而绿孔雀面部皮肤裸露部位由黄色和宝蓝色点缀，颈部则是绿色的铜钱纹样，翅膀上也没有虎斑纹理。

蓝孔雀

蓝孔雀头部特写

绿孔雀头部特写

除了以上几点，辨识蓝、绿孔雀最快捷的方法就是通过它们的羽冠形态来进行区分。绿孔雀是直簇型的勺状冠羽，而蓝孔雀则是扇形的。通过羽冠特征，即使碰到诸如白化或黑化这样的异色个体时，也能轻松辨别出究竟是哪种孔雀。

绿孔雀的雌雄之间没有蓝孔雀那般巨大的外形差异，绿孔雀雌鸟除了没有雄鸟绚丽的尾屏，其余外观上和雄鸟大体相似，若只看上半身，绿孔雀可以说是雌雄难辨。

绿孔雀尾羽较短，平时所见的"孔雀开屏"实际上是尾羽支起的尾部覆羽，这些具有眼状斑的长羽平时合拢拖在身后，长达身长两倍，开屏时宽可达 3 米，高约 1.5 米。雄性幼鸟需要约 3 年时间方能长成，可见色彩绚烂的尾部覆羽得来不易。

绿孔雀雄鸟开屏

绿孔雀雌鸟

　　每年的3～6月是绿孔雀的繁殖期。雄鸟求偶时便会展开尾上覆羽逼近雌鸟，此时宽大的尾屏可以阻拦雌鸟逃避，如果雌鸟疾走逃避，雄鸟还会急绕雌鸟呈弧形奔驰，跑得急了，触地的尾上覆羽常常会折损。

　　鸡形目鸟类大多不擅飞，绿孔雀也不例外。有人据此戏称《孔雀东南飞》中"孔雀东南飞，五里一徘徊"是因为飞了五里的孔雀太累了，必须休息一下。《孔雀东南飞》中将孔雀塑造成了爱情的象征，但孔雀的世界里并没有一对一的爱情。绿孔雀一般由1只成年雄鸟与3～5只雌鸟结成家族群活动，偶有成对活动的情况出现。

　　绿孔雀喜欢栖息在热带亚热带常绿阔叶林、混叶林中，尤其喜欢疏林草地与开阔地带。它们夜间栖息在高大的乔木上，清晨从夜宿地所在处下行或滑翔至海拔较低的山谷饮水和觅食，傍晚又向上移动到海拔较高处夜宿。晨昏时站在树上发出洪亮的"kay-yaw，kay-yaw"叫声。绿孔雀是一种杂食动物，果实、种子、芽苗、昆虫都在其食谱中。绿孔雀白天通常在溪流和江河两岸地势较低且平坦、靠近农田的地带觅食。这也往往是受人类活动影响较大的区域，假如上游建坝就可能会对下游的绿孔雀栖息地造成毁灭性的后果。

"孔雀胆"和"孔雀绿"

　　如果你喜欢读武侠小说，也许听说过一种特别厉害的毒药——孔雀胆。实际上此"孔雀胆"非彼孔雀胆。中药孔雀胆是南方大斑蝥的干燥虫体，据说与孔雀的胆囊外形相似，因此得名。

　　另外，常被用来作为着色剂的孔雀绿也并不是从绿孔雀的羽毛中提取的天然绿色物质，它实际上是通过化学合成的一种人工有机化合物，因颜色与孔雀石相近而得名。

蛋比脸更出名的鹌鹑

文 / 朱筱萱 叶蔚然

　　我们往往把大一些的雉科鸟类称为某某雉，把小一些的称为某某鹑。经考证，鹑类很早就出现在我国的古籍文献之中。《诗经》中有"鹑之奔奔，鹊之彊彊""不狩不猎，胡瞻尔筵有悬鹑兮"的诗句。战国时代，"鹑"被列为六禽之一，成为筵席珍肴。到了唐、宋以后，对它的生态和生活习性已有不少描述记载。

　　我国常见的鹌鹑，其实是日本鹌鹑（*Coturnix japonica*），因最初的模式标本采集于日本。虽然叫日本鹌鹑，但其实它在我国亦有广泛分布，夏天会在东北各省繁殖，冬天则又会飞到我国中部、西南部、东部及东南部的大部分地区越冬。

日本鹌鹑

　　日本鹌鹑属于鸡形目雉科鹌鹑属，上体有褐色与黑色横斑，并且有皮黄色矛状长条纹，胸及两胁有黑色条纹，头部有条纹及近白色的长眉纹，体型较小。在我国西北部还分布有另一种鹌鹑——普通鹌鹑（*Coturnix coturnix*），也称西鹌鹑，在我国野外数量比较稀少。日本鹌鹑最初被作为普通鹌鹑的一个亚种，直到 1983 年才被认定为是一个独立种。日本鹌鹑被认为是影响人类社会最多的禽类之一，由于它具备易于饲养、产蛋量大、生长迅速等优点，在全球范围内均有广泛饲养。如今市场上能见到的肉用和蛋用鹌鹑基本都是日本鹌鹑或由其选育而来的鹌鹑品系。

日本鹌鹑（以下简称"鹌鹑"）经常会在干燥平原或低山山脚地带的沼泽、溪流或湖泊岸边的草地与灌木丛地带活动，有时也出现在耕地、树丛与灌木中。鹌鹑虽然具有飞行能力，但它们一般很少进行长时间长距离飞行，即使受到惊吓飞起，飞不多远也会落入草丛中。在飞行的时候，鹌鹑的双翅扇动频率比较快，飞行直且迅速，通常是贴地面低空飞行，方便它随时隐入地面植被之中。

　　鹌鹑食性较杂，植物嫩枝、嫩叶、嫩芽、浆果、种子、昆虫、昆虫幼虫等，都可以成为它的食物。其中植物性食物大概占了它们日常食谱的95%，草地和农田是它们重要的觅食场所。

　　鹌鹑的叫声不同于其他家禽，它们会发出一系列独特的哨音，声如"gwa""kuro"或"grku""kr-r-r-r-r-r"。鹌鹑是一种爱叫的鸟类。雄鹑特别能叫，尤其是下午，声音较大又发哑。不同的声音会引起不同的社交行为反应，有时雄鹑发现食物后发

雄性普通鹌鹑

雄性日本鹌鹑

47

鹌鹑蛋（叶蔚然 摄）

出一阵叫声，然后整群鹌鹑都会飞来啄食。可见鹌鹑的叫声是它们一种重要的沟通手段，对信息传递有着非常重要的作用。当鹌鹑来到新的环境时，会有一段时间不会鸣叫，这是它在新环境感到紧张的表现。而一旦出现叫声，就说明它已经逐渐适应了新的环境。在过去，鹌鹑还曾因为它的鸣叫而被作为宠物饲养，享受着和金丝雀一般的待遇，直到后来人们发现它每年可产 300 枚蛋的繁殖潜力，营养又美味的鹌鹑和鹌鹑蛋成为了餐桌上重要的食物资源。

斗鹌鹑

早在明清时代，斗鹌鹑就和斗蟋蟀一样是中国古代的一种博彩游戏。在阿富汗、巴基斯坦等中东国家，斗鹌鹑也是当地人非常喜欢的一项休闲娱乐活动。参加比斗的鹌鹑都经过精心饲养和训练，形成了好斗的性情。比赛开始，两只雄鹌鹑一照面就会开始打斗互啄。通常打斗会持续 2～3 分钟，当有一方落荒而逃时就等于宣布了另一方的胜利。雄鹌鹑之所以好斗，源于争取与雌性的交配权。在繁殖季节，雄鹌鹑在到达繁殖地后不久就开始圈占领地和进行求偶鸣叫，由于雄鸟和雌鸟没有固定的配偶关系，是一雄多雌制，因此繁殖期间为了争夺配偶而发生激烈的争斗也就无可避免了。

火鸡是鸡吗

文 / 李　媛

　　在西方文化中，火鸡大餐是感恩节不可或缺的一个重头戏。

　　火鸡（*Meleagris gallopavo*），属于鸡形目吐绶鸡科火鸡属，可被细分为 6 个亚种，分布区域几乎覆盖了整个北美洲。在这 6 个亚种之中，东部亚种是被人们狩猎最多的一个亚种，而现在被大规模人工养殖的火鸡品系大多是出自其中的墨西哥亚种。火鸡体型比一般雉鸡大，是现生鸟类中第八重的，可以轻松达到 10 千克级，在人工选育下更是可以突破惊人的 35 千克。野生火鸡可以以每小时 88 千米的速度进行短途飞行，家养的火鸡由于体重过大，翅膀已经承载不了它超重的身躯，所以基本失去了飞行的能力。人们常常误以为火鸡只生活在地上，而事实上，野生火鸡更喜欢在树上睡觉。每到夜色降临，火鸡们就纷纷飞上树梢，直到第二天黎明才重新下地觅食，这样的行为模式可以帮助它们更好地躲避掠食者的夜袭。

栖息在树上的雌性野生火鸡

雄性野生火鸡打开尾羽

　　和许多鸟类一样，火鸡属于典型二型性鸟类，即雄性和雌性之间存在较明显的外观差异。雌性野生火鸡羽色大多是褐色为主，中背有轻黄褐色至栗褐色的羽毛，羽毛尖端通常是浅黄色、棕色；头部为蓝灰色，有时布满小而稀疏的棕色羽毛。相比雌性，雄性火鸡就要鲜艳许多了。雄性全身近黑色，在阳光下会显现出独特的金属光泽。尾羽发达，能像孔雀一样打开，是雄性火鸡的重要特征之一。雄性火鸡嘴的基部和脖子上还有发达的肉垂，颜色鲜红，格外抢眼。在求偶季节，当面对多只雄性求偶对象时，雌性火鸡往往会选择长有更长、更鲜艳肉垂的雄性作为自己的伴侣。有意思的是，在野外即使你没有亲眼看到火鸡，但是通过它们的排泄物也能分辨出它们的性别。雄性火鸡的排泄物呈 J 字形，而雌性火鸡的排泄物则呈螺旋形。

别看火鸡脑袋光秃秃的，没几根毛，着实有点丑，但它却有一个变脸的绝技。当火鸡放松的时候，因为面部丰富血管的存在，它的脸会显现出血液的红色；而当它们紧张时，脸上血管收缩，更多显露出周边胶原组织的颜色，此时的脸色就变成了白色或蓝色。除了会"变脸"，火鸡还有一根能360度扭转的长脖子，加上拥有覆盖角度270度、视力比普通人好三倍的双眼，它们真正做到了眼观八方，任何一个方位的风吹草动都会被它们迅速察觉。

火鸡与土耳其

英文里，火鸡与土耳其都是"turkey"，据说是因为火鸡最初进入欧洲是通过土耳其的港口进行中转，那时候欧洲人根本不知道这种体形庞大的鸟到底是什么名字，只知道它们来自土耳其，因此索性就称它们为"土耳其"了。

带着"勺子"去迁徙

文 / 陈雨茜

冬羽勺嘴鹬

　　有一首很流行的儿歌是这样唱的："小燕子，穿花衣，年年春天来这里……"儿歌里的"小燕子"，学名是家燕（*Hirundo rustica*）或金腰燕（*Cecropis daurica*），是一类典型的候鸟，每年都会沿着固定路线迁徙。在全球主要的候鸟迁徙路线中，途经我国东部沿海的东亚—澳大利西亚迁徙路线，是世界上承载候鸟数量最多，也是濒危鸟类种数最多的一条路线。

　　在这条迁徙路线上生活着一种独特的水鸟，叫作勺嘴鹬（*Calidris pygmaea*）。这种水鸟受到世界各国科学家的关注，如果能在野外看到一只勺嘴鹬，观鸟者必会为此欣喜若狂。毕竟这种水鸟全世界仅剩几百只了，要找到它并不是一件容易的事情。

除了数量稀少，勺嘴鹬还有不少独特之处。

首先是外形独特。勺嘴鹬只有麻雀大小，嘴巴最前面的部分扁扁的，像是一个带着柄的小铲子。它还会"变装"，春天时换上红色的羽毛，这是它的繁殖羽；到了秋天，勺嘴鹬又换上冬羽，这时候的羽毛，背部浅灰色，肚子、头颈和喉咙则是白色。

勺嘴鹬的繁殖行为也非常有意思，每年它们都要在繁殖地和越冬地之间往返。勺嘴鹬的繁殖地位于俄罗斯远东的滨海地区，每年的五月底至六月初这段时间里，远道而来的雄性勺嘴鹬会飞向偏爱的栖息地，迅速地划好自己的领地。

划完领地后，还得求偶。雄性勺嘴鹬在求偶时会绕着领地飞行，发出重复的颤音并快速地拍打翅膀。当有雌性勺嘴鹬愿意和它配对时，这种求偶行为的频率才会减弱甚至停止。配对成功后，它们会选择一个合适的地方来筑巢，不过这个巢看起来非常简陋，只是苔原上一个浅浅的洼地，没有什么复杂结构。

繁殖羽勺嘴鹬

在巢里的勺嘴鹬雏鸟

　　勺嘴鹬一窝通常会产四枚卵，孵化时雄鸟和雌鸟是"轮班制"，各自值班半天。孵化出来的幼鸟，在一天之内就能离开巢穴并自己觅食，比起那些需要亲鸟不间断喂食的种类，带起来真是非常省心了。

　　在幼鸟孵化出来后不久，雌鸟就会先行离开繁殖地，向南迁徙。雄鸟则会带着幼鸟们离开巢穴，在苔原上一起生活至幼鸟长出羽毛。幼鸟羽翼丰满后，雄鸟便会离开它们，去往越冬地。过了几周，幼鸟将凭借刻在基因里的迁徙地图，开启生命中的第一次迁徙。

　　勺嘴鹬在迁徙时，并不是一口气从俄罗斯远东飞到中国南部和东南亚的。它们会在沿线的一些滩涂停留，补充能量、更换羽毛，这些地方被称为"中转站"，其中以黄海滩涂最为重要。在补给完成之后，它们又会启程前往目的地。

栖息地的丧失，是勺嘴鹬种群数量锐减的重要原因之一。近50年以来，我国沿海有超过一半的滩涂湿地因围垦而消失；互花米草的入侵，也破坏了它们的栖息地，对勺嘴鹬种群数量的减少起到了推波助澜的作用。当勺嘴鹬失去了迁徙途中可以补充能量的地方时，即使再努力，也无法摆脱走向灭绝的困境。除此之外，非法捕猎、环境污染、人类活动等也是导致种群数量下降的主要原因。

为了保护勺嘴鹬，2011年英国科学家们发起了"诺亚方舟计划"，他们将勺嘴鹬雏鸟运往英国的一个保护区，意在为这个物种留下最后的希望。2012年，包括湿地和水禽基金会在内的各个组织，于俄罗斯远东的繁殖地开始实施另一个保护勺嘴鹬的项目"偷蛋计划"，科学家在繁殖地搜集勺嘴鹬的蛋，被偷走蛋的勺嘴鹬通常会再产下一窝蛋，搜集来的蛋则会被带到人工环境下孵化，幼鸟也由人工抚育长大，长大后的幼鸟会跟随大部队一起迁徙。这样一来，可以提高勺嘴鹬的孵化率和幼鸟成活率。

勺嘴鹬在广东沿海栖息地越冬

两只人工环境下孵化
成功的勺嘴鹬幼鸟

在很多关注勺嘴鹬的人眼中，对这一物种的保护还能惠及更多的迁徙性水鸟，因为它的困境，也代表着超过百万的迁徙性水鸟所面临的共同困境。

环志和旗标

人们可以通过环志和给勺嘴鹬佩戴卫星定位仪，来了解哪些栖息地对于它们具有重要意义。科学家在研究勺嘴鹬时，会为其中一些个体佩戴有编码的旗标。拥有旗标的个体们组成了一份详尽的"族谱"，可以查到每一个个体的生活轨迹，以及彼此之间的联系。

浅绿色 01 是第一只佩戴上旗标的勺嘴鹬，科学家观测到它差不多每一年都在同一片地区繁殖，2013 年、2014 年和 2015 年的秋季迁徙中，这只勺嘴鹬几乎均停留在江苏如东滩涂的同一个地方。可是，自 2016 年春天在韩国的海边见到它后，就再也没有浅绿色 01 的消息了。而浅绿色 01 的后代——浅绿色 27 却带着父辈的记忆，迁徙时回到了同一片滩涂。

鸭，你真的认识它吗

文 / 何　鑫

紫背苇鸭（何鑫 摄）

鸟的中文命名中经常会出现一些生僻字，比如"鸭"，你知道这个字怎么读吗？

抛开生物学上对于这类物种的注释，在现代汉语词典中，并没有收录"鸭"这个字，在辞海中，"鸭"字仅有一个读音"jiān"。而在康熙字典中，它被标注了读音同"研"，也就是说和"研""妍"等字的发音相同。

紫背苇鳽在水边觅食（何 鑫摄）

　　在《尔雅·释鸟》郭璞注中有提道："鳽，鵁鶄。似凫，高足，毛冠。"根据其中的描述，基本可以认定文献中的"鳽"属于一种鹭类。鹭类有着长长的腿脚，而且繁殖期间还会在脑后长出漂亮的冠羽或翎羽，符合"高足，毛冠"这一说法。而鳽在现代生物分类学上也确实是属于鹭科，所以在鸟类学界，大家还是倾向于将这个字读作"yán"。

　　鳽字本身，其实古已有之。在小篆中，这个字其实是"𪁗"，形如"千千鸟"，而在汉字的演化中"千千"变成了"开"，也就是鳽，繁体写作"鳽"。新中国成立后进行汉字简化，又将繁体字右边的"鳥"字简体化，便成为"鳽"。

　　鳽类属于中小型涉禽，生性胆怯，多活动于植物茂盛的水塘边、芦苇丛中，它们行踪隐蔽，具有保护色，通常较难被发现。鳽类依水而生，以捕食水中的鱼虾为食，它们常常会悄无声息地穿行在水边植被中，伺机寻找近岸的猎物，一旦锁定目标就会迅速一嘴扎下，吞入腹中。鳽类鸟还有一个很有意思的行为，就是当感知到潜在危险时，它们的身体会挺直，嘴尖朝上模拟周围植被的形态，一动不动，使得它们很难被一眼发现。

在我国有分布的鸦类鸟主要有麻鸦亚科（Botaurinae）苇鸦属（*Ixobrychus*）的黄苇鸦、栗苇鸦、小苇鸦、黑苇鸦和紫背苇鸦，麻鸦属（*Botaurus*）的大麻鸦，以及鹭亚科（Ardeinae）夜鸦属（*Gorsachius*）的黑冠鸦、栗鸦和海南鸦。其中最常见的当属黄苇鸦，夏天的芦苇丛中经常可以见到它们扒着植物，专注觅食的身影，时不时还可以看到它们突然飞起，然后消失在不远处的植被丛中。体形最大的大麻鸦虽然飞行时给人一种十分沉重的感觉，但它们却拥有极其出色的伪装，黄褐色的羽毛上布满了黑色麻点斑纹，当它们伸长脖子站立不动时，要想把它从一片枯黄的芦苇地中找出来可真不是一件简单的事。

鸦类鸟中最受人关注的是海南鸦（*Gorsachius magnificus*），它在演化上特化为在夜间活动和觅食，眼睛占头部比例极大。不过，由于分布区域狭窄、栖

黄苇鸦

被救助的海南鳽亚
幼鸟（李必成摄）

息地被破坏等原因，其种群数量十分稀少，加上它们昼伏夜出的行为习性，使得人们对于它们知之甚少，偶尔有发现的也多为受伤被救助的亚成个体，因此也被称为世界上最神秘的鸟类之一。如今海南鳽已被列为国家一级重点保护野生动物，是全球最濒危的 30 种鸟类之一。

虽然多数鳽鸟雌雄外观差别不大，有些甚至不仔细辨识较难分辨雌雄，但栗苇鳽和紫背苇鳽属于两个特例。它们的雌雄鸟在外观上有非常显著的差异，雄鸟都是身披大面积色块，看上去简洁大气，而雌鸟身上则会点缀更多白色羽缘或羽斑，这有益于更好地隐蔽。

鸟名中的生僻字

鸟类的中文名中多有生僻字，如鳽、鸤（shī）、鵁（dōng）、鸱（chī）、鸲（qú）等，它们是从哪里来的呢？

这就不能不提我国鸟类学之父郑作新院士了。上世纪五十年代，拥有深厚古文功底的郑老，在整理审定中文鸟名的过程中保留了许多古代用于指代鸟类的汉字，并创造性地将其运用于符合其外观和习性特征的具体鸟类身上。以"鳽"字为例，在广义上，它所指代的是鹭科鸟类中那些习性诡秘的类群；在狭义上，鳽在英文中对应的是 bittern 这个单词；在分类学中，按照最新的观点，狭义的鳽是鹈形目鹭科麻鳽亚科的通称。

熟悉又陌生的鸽子

文 / 何　鑫

　　说起鸽子，我们都再熟悉不过。但你知道世界上所有种类的鸽子都属于同一个科吗？甚至已经灭绝的渡渡鸟，也属于此科。从科学分类学上看，所有的鸠鸽类动物都属于鸽形目（Columbiformes），而且鸽形目只有一个科，那就是鸠鸽科（Columbidae），现存共计 42 属 309 种。我国有 7 属 31 种。鸠鸽科鸟类在地球上大部分地区都有分布，只有撒哈拉沙漠中最干的地区、北极以及南极大陆和附近岛屿才难觅它们的踪影。

　　鸠鸽科如果继续划分，传统上可以分为鸽亚科 (Columbinae)、美洲地鸠亚科 (Claravinae) 和渡渡鸟亚科 (Raphinae)。其中最典型的当然是鸽亚科的鸽属（Columba），人们熟悉的家鸽就是这个属的代表。家鸽的祖先一般被认为是原鸽（Columba livia），如今的家鸽也很容易重新野化，自由地生活在城市中。对于家鸽而言，城市里由水泥浇筑的高楼大厦的环境比之野生原鸽、岩鸽（Columba rupestris）等生活环境中的悬崖峭壁，本质上没什么区别。

城市中的鸽子（何 鑫摄）

　　除了鸡鸭鹅外，家鸽是跟人类文明联系最紧的鸟类。它们的驯化起始于欧洲，早在古希腊和古罗马时代，就已经有关于驯化饲养鸽子的记载。经过数千年的时间，人类已驯化出许多形态各异的家鸽品种。正是由于人工选择而导致的性状分化，提示了伟大的博物学家达尔文提出了基于自然选择的生物演化理论。

　　同属鸽族，另外一个著名的属是斑鸠属（*Streptopelia*）。斑鸠，在古文中被称为鹁鸪（音同"骨舟"）。它们的主色调往往是浅棕色，其中很多种类颈部都有黑白交替的环。我们在城市中常听到的各种"咕咕咕"的叫声基本就源自它们，而不是很多人以为的杜鹃，即"布谷鸟"。在斑鸠中，最常见的当属珠颈斑鸠（*Spilopelia chinensis*）。珠颈斑鸠广布于亚洲东部、南部，很多人会直接叫它们"野鸽子"，在上海，它也是最常见的城市鸟类"四大金刚"之一。

不过，相较于依然活跃于现代人类生活中的鸽属和斑鸠属，在历史长河中，还有一个曾经在鸽族中个体数量最多，但如今已经退出历史舞台的物种，它就是旅鸽属的旅鸽（*Ectopistes migratorius*）。它曾经是世界上最常见的一种鸟类，鼎盛时期据估计种群数量达惊人的 50 亿只之多。它们集群迁徙时，因为数量众多，庞大的鸟群遮蔽天空，通常需要耗费数小时才能飞过一个地方。但由于人类捕杀、自身基因多样性不佳等原因，它们的种群迅速衰退。最后一只旅鸽于 1914 年在辛辛那提动物园死去。

珠颈斑鸠

旅鸽

鸠鸽科中另一个大名鼎鼎的已灭绝成员就是渡渡鸟亚科（Raphinae）渡渡鸟属（*Raphus*）的渡渡鸟 (*Raphus cucullatus*) 了。不可否认，从外观上很难相信这个体形略显臃肿、不会飞的大鸟竟然也是鸠鸽科的成员。这种曾经广泛生活在毛里求斯群岛上的神奇物种，最终也因为人类的影响而走向了灭绝。

在现存的鸠鸽类中，渡渡鸟族的冠鸠属 (*Goura*) 可以说是渡渡鸟最近的亲戚了。它们的体形虽不能跟渡渡鸟相比，但也是现存鸠鸽类中体形最大的。其中蓝凤冠鸠（*Goura cristata*）、维多利亚冠鸠（*Goura victoria*）等常因它们夺人眼球的外表，成为许多动物园里招揽游客的热门物种之一。

鸠还是鸽？

在动物分类学中，鸠和鸽本就是同一类动物，有的英文名为"pigeon（鸽）"，有的则为"dove（鸠）"。通常，体形较小的叫"dove"，较大的叫"pigeon"，但这并不绝对。在中文里，一般体形较大的被称为鸽，而体形小一点的，无论英文名是"dove"还是"pigeon"，都常常被叫作鸠。

失而复得的"东方红宝石"

文 / 何　鑫

　　朱鹮的学名是 *Nipponia nippon*，字面意思是"日本的日本"，也就是"日本鸟"。之所以这样命名是因为西方的博物学家最早在日本采集到朱鹮的标本，根据它的采集地，就起了这样的名字。

　　其实，朱鹮曾经广泛分布于整个东亚地区，最北曾靠近黑龙江一带，最南到台湾，是整个东亚都比较常见的物种。在 19 世纪中叶之前，日本朱鹮的数量还比较多，但随着人类的活动发展，朱鹮的数量不断下降。1981 年，最后 5 只朱鹮被日本的科学家捕捉之后，日本的野生朱鹮也就彻底消失了。在最后捕捉地点，日本人还为朱鹮树立了一座纪念碑。

中国对朱鹮的记录一度停留在 1964 年，当年采集到一个标本，此后近 20 年都再没有关于朱鹮的记录。1981 年，中科院动物所的学者在陕西洋县发现了 7 只幸存的朱鹮野生个体。当时中国科学家并没有采用像日本那样全部抓起来的做法，而是维持种群现状，采取就地保护的策略，对仅存的朱鹮实施抢救性保护。为了保住朱鹮最后的希望，政府还在现场设立了"秦岭一号朱鹮群体"保护工作站，有工作人员日夜守护。如今，洋县已经成立了朱鹮国家级自然保护区。保护朱鹮主要有两种形式。一种是已经放飞的，或者已经适应野外生存的，它们自然地在野外生存，但是身上有环志——一种便于人类跟踪的标记。还有一大部分，养在巨大的笼舍里面。笼舍的织网并不是铁丝的，而是比较粗的尼龙绳，可以防止朱鹮受伤。笼舍中圈养的朱鹮在时机成熟时也会被放归野外。

朱鹮（摄于陕西汉中）

蛙类生活史解析图

朱鹮幼鸟

　　在中国科学家和动物保护工作者的努力下，曾经接近野外灭绝的朱鹮，在中国重新被发现并得到了妥善的保护，使它的保护级别从极危降到了濒危。而且严格意义上来说，现在全世界只有中国才有野生朱鹮。从1993年到2003年，中国建立了很多朱鹮繁育的地点。现在一部分朱鹮是在野外自然繁殖长大的，另一部分是通过人工驯养繁殖的。到2018年，朱鹮的野生种群已经超过1700只。

非繁殖羽朱鹮

　　和火烈鸟一样，朱鹮并不是生来就是我们熟悉的红白模样。朱鹮幼鸟时身披灰色绒羽，裸露的皮肤则是偏黄色的，直到成年之后才成为红色。成年朱鹮在非繁殖季节羽色以白色为主，只有在飞行时才会露出较为醒目的红色飞羽，而到繁殖期时，它甚至还会变成灰色！

　　在交配期，朱鹮会通过一种"水浴涂抹"的行为，借助水的乳化作用将黑色物质涂抹在颈、肩、背等部位，这个过程并不需要借助喙或足，而是依靠颈部将分泌黑色物质的部位在身上反复贴蹭，从而达到"上色"的效果。经过这种涂抹行为，朱鹮的羽毛颜色接近纯黑色，但在干燥后会变成灰黑色。经过大约一个月数次水浴涂抹后，羽毛着色基本完成。待到七八月份换羽期，朱鹮再褪去一身灰衣，恢复白色的外观。

繁殖羽朱鹮

两种朱鹮?

朱鹮被首次科学描述后，关于灰色型和白色型朱鹮的争论就不曾停止。刚开始科学家认为朱鹮幼鸟的颈部及背部为铅灰色，而成鸟则为白色，因此认定最初的灰色模式标本是朱鹮幼鸟。但很快就有人提出了异议。1842 年，法国神父、动物学家谭卫道（Armand David）依据一件采自浙江的灰色朱鹮标本和来自当地猎人的描述（该鸟全年羽色都为铅灰色），认为灰色型和白色型实际上是两种完全不同的鸟种。甚至有学者提出了西伯利亚东部乌苏里的朱鹮为灰色型，而中国秦岭、朝鲜和日本的朱鹮为白色型的观点。但另一些学者认为，朱鹮的羽色并非全年一成不变，而是存在周期性变化的。

随着越来越多的生态调查和标本采集，证实了朱鹮羽色存在周期性改变的观点。1970 年日本学者内田康夫发表了重要的学术论文《朱鹮羽色变化机制》，对朱鹮灰色羽的形成机制进行了基本的阐述，为这场关于灰色型白色型的争论画上了最终的句号。

大千隼世界

文 / 何 鑫

人们习惯把猛禽称为"猎鹰"，其实在动物学中，并没有一种或一类动物的标准中文名叫作"猎鹰"。英文猎鹰一词（falcon）所对应的中文名称应该是"隼"。最早它所指代的就是隼属（*Falco*），这个属是由生物分类学的鼻祖林奈于 1758 年建立的。

从词源上来说，Falcon 正是源于拉丁语 *Falco*，再往前追溯，则源自 falx、falcis，意思是一种镰刀，也指代鸟的爪子。而至于中文里常说到的"鹰"或"雄鹰"，主要对应的英文是 Hawk 这个单词。

在分类学中，隼属于隼形目（Falconiformes）。曾几何时，隼形目就是日行性猛禽的代名词，因为除了属于鸮形目的猫头鹰，其他猛禽都被归于隼形目。

猎隼

不过分类学总是日新月异的，2008 年的一项重要研究显示，隼与其他猛禽的亲缘关系并不接近，因而将原有的隼形目进行了拆分，分为隼形目、鹰形目（Accipitriformes）和美洲鹫目（Cathartiformes）。如今的隼形目，只剩隼科（Falconidae）一科，共 11 属 63 种，在中国有 2 属 14 种分布。

事实上，现生鸟类中与隼形目关系最近的亲戚应该是鹦形目和雀形目，也就是说隼类是鹦鹉和各种雀鸟的亲戚。隼类在演化上出现于中新世晚期，距今不超过 1000 万年，所以其实还算是个年轻的鸟类家族。从化石证据来看，它们最早似乎起源于欧亚大陆的中部或非洲北部，随后拓展到全世界。如今除了南极和少数岛屿外，全球各地都有隼的分布。

隼类的视力敏锐，可以在很远的

矛隼

距离发现快速移动的猎物，并能快
速调整对焦，这一点远非人类及其他
哺乳动物能比。它们的翅膀长而尖，飞行
迅速有力，速度也成为它们擒获猎物的重要法宝之
一。

　　隼类有大有小，也并非都是威猛的猎食者。猎隼
（*Falco cherrug*）的翼展能达到 120 厘米。不过正是因
为体形大、外形俊朗、身形威武，猎隼常常成为盗猎、
非法贸易和走私的受害者。

　　但猎隼并非最大的隼，在隼亚科中，体形最大的是
矛隼（*Falco rusticolus*），它们的体长有 65 厘米，翼展
可达 130 厘米。矛隼有白色型和深色型两个色型，它们
也被认为是中国北方游牧民族中所言"海东青"的原型。

　　除了这些大个头的隼，在隼类家族中，还
有不少小巧玲珑的，例如分布于我国的红腿小隼
（*Microhierax caerulescens*）和白腿小隼（*Microhierax
melanoleucos*），它们体长通常只有 10 ～ 20 厘米，比
麻雀大不了多少，食物也主要是昆虫和小型两栖爬行动
物。

成群的红脚隼边飞边捕食昆虫

还有一些隼，特别嗜食昆虫，例如在迁徙时会形成壮观迁徙群体的红脚隼（*Falco amurensis*），它们最喜欢在天空中边飞边吃。红脚隼也被称为阿穆尔隼，与它们学名中的 *amurensis* 对应，这是黑龙江的意思，因为它们的繁殖地在我国东北。每年秋季它们会一路经过东亚、南亚、东非，最后到非洲南部过冬，是不折不扣的长途迁徙能手。

　　红隼（*Falco tinnunculus*）在全世界许多地方都很常见，而且相较于其他隼，它们更适应人类的存在和高度城市化的生活环境。它们经常会选择高楼大厦的一些角落来营巢，也常常会捕猎城市中的鸽子作为食物。许多你意想不到的地方都可能出现它们的身影。

上海南汇东滩的红隼（何　鑫摄）

游隼

世界纪录保持者——游隼

在动物世界中，猎豹是陆地上冲刺速度最快的动物，旗鱼是水中游速最快的动物，而在空中，这项殊荣当归于游隼（*Falco peregrinus*）。

游隼最大的特点并非飞行速度，而是它们捕捉猎物时的俯冲速度，时速最高可达 320 千米以上，这个速度几乎是猎豹和旗鱼极速的 3 倍。

相较于猎豹和旗鱼，游隼的分布范围十分广泛，除了新西兰和南极以外，几乎在世界上所有地方都有它们的踪影。科学界还将游隼的卫星追踪数据与它们的基因组分析数据相结合，确定了 6 个北极繁殖种群向亚欧大陆迁徙的 150 条完整路线，展现了它们在万年左右的时间里通过改变迁徙路线等方式对气候变化所做出的适应。

北半球的"企鹅"

文 / 饶琳莉

上海自然博物馆生命
记忆长廊中的大海雀

大约 500 多年前，欧洲的早期航海家们在北极圈附近的一些岛屿上，发现了一种奇特的大鸟：它从后面看上去是黑色的，从前面看上去却是白色的。这种大鸟身高将近 1 米，长着一对不会飞的翅膀，走路的时候一摇一摆，人们把这种动物称作"大海雀"。后来，航海家们又来到了南极附近的一些岛屿，居然又看到了之前在北极见过的不会飞的黑白大鸟，于是自然而然地以为这种动物分布在地球的两端。殊不知，他们是错把南极企鹅当成了大海雀。

大海雀和企鹅虽然在外观上有诸多相似之处，但它们却并非近亲，二者在分类学上相去甚远。大海雀（*Pinguinus impennis*）属于鸻形目海雀科大海雀属，而现生的企鹅则分属于企鹅目企鹅科下的不同属。至于两者长得像，这完全是趋同演化的结果。简单来讲，就是指两种没有亲缘关系的生物因为长期生活在相同或相似的环境中，为了适应环境的需要，分别独立演化出了相似的形态。北极和南极寒冷的环境促使两种鸟都囤积了大量的脂肪来抵御低温；为了满足潜水捕鱼的需要，两类鸟都进化出了紧贴在身体上的防水羽毛、适合拨水的脚蹼，以及纺锤形的躯干；而且，由于生活环境中无需依靠飞行来捕食和躲避天敌，它们的翅膀都逐渐退化，最终演变成了更适合游泳的鳍状肢。

尽管外观如此相似，但相较于企鹅，栖息地距离人类活动范围更近的大海雀却迎来了一种截然不同的命运。

原本在北美沿岸一些与世隔绝的岛屿上，大海雀曾经平静地生活了一千多年。直到 16 世纪初，受到鳕鱼贸易的巨大利润诱惑，欧洲人开始定期前往纽芬兰，途中总会遇到一座座巨大的岩块礁石，春季时上面站满了鸟，其中大部分就是大海雀。虽然大海雀在水中游速极快，非常灵活，但是在岸上却极其笨拙，被饥饿的海员发现只能束手就擒，成了船员唾手可得的肉食来源。

而这只是一个开端，在欧洲人到达这里200年后，人类捕杀大海雀的动机发生了改变：由原先的沿途食物补给转向了以获取大海雀的羽毛为目的的大规模商业捕杀。成千上万只大海雀被捕获、杀害，被拔除羽毛制成床垫或是时髦的女帽。据当时保存下来的记录显示，在巨大利益的驱使下，整个夏天都有船员呆在岛上捕捉大海雀，一艘艘出海归来的渔船上装的不是渔获，而是整船的大海雀。从那时起，大海雀就已经注定将迎来一个悲惨的结局。

帝企鹅

到了 19 世纪，生活在纽芬兰外海群岛上的大海雀已经被人类赶尽杀绝。但是，这个物种并没有消失，它们仍顽强地生存在大西洋对面一处最后的避难所，位于冰岛附近的盖尔菲格拉岛。不幸的是，1830 年，一座海底火山突然爆发，这一避难所随之消失在了巨浪中。即便如此，仍有约 40 对大海雀逃过了这场劫难，飞往它们最后的据点——火岛（Eldey）。日渐稀少的大海雀引起了收藏家和博物馆的兴趣，当时正处于一个搜集标本的黄金时代，许多博物馆出高价求购稀有的大海雀标本，让它们再次成为了人们追逐猎杀的目标。1844 年，人类已知的最后一对大海雀在岛上被捕杀，它们孵化中的蛋也被踩碎，北极"企鹅"的故事就此画上了句号。

张冠李戴的名字

在现代英语中，英文单词"penguin"是企鹅的意思，但当这个单词在 16 世纪首次出现时却并非用在南极企鹅身上，而是用来指代生活在北半球的大海雀。古代英文文献中提到的"penguin"说的都是大海雀，在拉丁语中它有"肥胖"的意思，暗指大海雀的身形。后来人们在探索南半球时发现了外观上和大海雀高度相似的企鹅，于是就将这个原本属于大海雀的英文名"张冠李戴"地给了现在的企鹅。不过，从大海雀属的拉丁学名"*Pinguinus*"中，我们还能看到这个名称原本的主人是谁。

"海滩清道夫"的那点事

文 / 谷国强

　　黑尾鸥（*Larus crassirostris*），顾名思义，尾端宽阔的黑带是它最显著的特征。作为鸥科鸟类中种群规模最大的鸟种之一，也是我国分布区域最广的水鸟之一，其足迹遍布我国整个沿海地区和部分内陆水系，据统计仅辽东半岛最南端的大连市就栖息着约 11 万只之多。在我国的辽宁、山东等北方地区，黑尾鸥属于留鸟，一年四季都可以看到；而在上海等南方城市，它们则属于冬候鸟，主要在冬天集中出现。

　　黑尾鸥属于杂食性鸟类，和其他鸥类一样，它们擅长于捕鱼捉虾，但也乐于捡食岸边的海洋生物尸体，因而有"海滩清道夫"之称。在大连市区的海滨，投喂黑尾鸥甚至成了当地市民和游客的常规休闲娱乐项目，面包、香肠、馒头，黑尾鸥统统来者不拒。虽然投喂野生动物的行为并

接受投喂的黑尾鸥

不值得提倡，但它却从侧面体现了这种鸟对城市生活的极强适应性。尤其到了冬季，当近海海域结冰时，由于食物匮乏，它们会结成大群飞往市郊大型垃圾处理场或沿海居民小区捡食厨余垃圾充饥。

每年三月下旬至四月上旬是黑尾鸥的集中发情期，此时的黑尾鸥十分亢奋，黑尾鸥聚集的海滩也较往常变得更为喧嚣。结成伉俪的黑尾鸥们会不时展示着耳鬓厮磨的恩爱场面，此时的雌鸟很像喜欢撒娇的新娘，不时地向伴侣乞食。其实这是为了满足繁殖的需要，因为只有食物充足才能保证产出健康的受精卵，进而孵化出健康的雏鸥。为了种族存续，雄鸥可谓竭尽全力，几乎做到有求必应，努力觅食，将自己半消化的食物献给爱侣。

在近 20 天的发情期中，黑尾鸥几乎每天交尾以确保受精率。交尾多为雌鸥主动，当雌鸥将头用力向后昂起，围着雄鸥转时，雄鸥如果也做出同样姿态进行回应，这就预示着交尾即将开始。虽然同为游禽，但黑尾鸥与鸭类不同，它们交尾不在水里而在陆地上，时长通常在一分钟左右。

四月中旬起，配对成功的黑尾鸥成双结队地飞向附近的岛屿，开始营巢孵化。它们喜欢营巢于悬崖的突出部位或岩石断层平台，而晚到的黑尾鸥则只好在山顶灌丛中营巢。由于地少鸥多，因而近年来黑尾鸥的巢密度越来越大，有时两巢相距不足 40 厘米！要知道，繁殖季处于发情期的

繁殖期黑尾鸥扎堆的岛屿

黑尾鸥脾气很坏，不仅喜欢喧闹，更极具攻击性，为了捍卫自己的家人和鸟巢经常会向过于靠近自己的同类发动攻击。过于紧凑的鸟巢布局进一步加剧了原本就紧张的"邻里"关系。甚至还有游手好闲的黑尾鸥，

黑尾鸥育雏

喜欢在繁殖场地四处游荡找茬，不时向周围的同类发起挑衅，搞得现场一片混乱，尖唳的鸣叫警告声此起彼伏。

等到七月份，黑尾鸥的幼鸟已经能够独自觅食，此时黑尾鸥们就会带着儿女回到之前栖息的海滨，于是沉寂了三个多月的海岸线又变得喧闹起来。

幼鸥天敌

黑尾鸥的繁殖巢由杂树枝和杂草筑成，每巢产卵2枚，偶有3枚。但不是所有的蛋都能成功孵化，也并不是所有的雏鸟都能安全长大。影响繁殖成功率的因素有很多，这其中就包括恶劣气候、掠食动物等自然因素。有意思的是，几乎每个黑尾鸥集中繁殖的岛屿上都驻有一对游隼，它们的繁殖期稍晚于黑尾鸥，当游隼幼雏孵化时，黑尾鸥的幼鸟自然而然就成了游隼饲喂雏隼的主要食料。

除了自然因素，人为的因素也对黑尾鸥的繁殖产生了较大的影响。例如在一些无人的小岛上，采集鸥蛋成了个别不法人员的主要经济来源，有时甚至整座小岛上的鸥巢都被盗掠一空。

环颈雉的"鸟生"

文 / 谷国强

　　"环颈雉"这个名字可能熟悉的人不多，但说起"野鸡""山鸡"，多数人可能都会在脑海中勾勒出一个大致形象。环颈雉广泛分布于国内大部分地区，有不少地方叫法，在北方俗称"野鸡"，到了南方又常被称为"山鸡"。

　　环颈雉（*Phasianus colchicus*）还有一个名字就叫雉鸡，它们的雄鸟非常漂亮，身上的羽毛色彩斑斓，在阳光下泛着金属光泽，尤其是到了发情期，脸上的红色变浓变大，十分鲜艳。雄鸟头两侧还生有一对宝石蓝的羽冠，宛如精巧的头饰。相较而言，雌鸟的色彩就暗淡了许多，周身羽色以黄褐色为主，夹杂点缀暗褐色斑纹。对比雄鸟的花枝招展，雌鸟显得低调而不引人注意。但这样的外观可以更好帮助它在环境中隐藏自己，减少被掠食者发现的几率，从而提高自己和后代的成活率。

环颈雉是杂食性鸟类，以浆果、植物种子、嫩草茎叶等为食，夏季也捉食虫类，尤其喜欢吃蝗虫，是农牧林业生产的好帮手。虽然环颈雉常常会躲进远离人烟的深山灌木中，但随着栖息地的破坏和人类活动范围的扩张，为了觅食生存，它们也会进入田间地头，甚至出现在村庄或城市周边。在山区农村，有的环颈雉在冬季甚至会飞进农家院落抢食家鸡的食物。

　　虽然环颈雉较容易见到，但它们的警觉性很高，通常在你还没有发现的时候它就已经开溜了。一旦有人靠近，它们会快速钻进草丛、灌木丛中，或者一跃而起飞到远处。

在我国北方，环颈雉每年四五月份进入繁殖期。在繁殖期里，雄鸟会大声鸣叫，这既是在吸引雌鸟注意，也是在向同类雄鸟宣示领地，警告它们不要靠近。有时叫声可以传出一两千米远。环颈雉是典型的"一夫多妻"制，一只雄鸟往往与多只雌鸟交配繁殖，多则五六只，少则两三只。因而在繁殖期的野外观察中，见不到两只或两只以上雄鸟在一起的场面，却经常见到多只雌鸟在一起。这种繁殖模式虽然剥夺了一部分雄鸟繁殖的权利，但却更利于种群的整体优化，因为只有整体素质优秀的强者才能拥有交配权，而它的后代也更有可能从它那里继承优良的基因，保存优良的表现性状。

一只环颈雉雌鸟在繁殖期通常可以产卵十几至二十几枚不等，因而七八月份常能看到一只雌鸟带着一大群幼鸟在草丛中觅食的景象。幼鸟相当警觉和机敏，它们只会在亲鸟视线范围内活动，不会跑远，当亲鸟发现危险并发出低沉的警报声后，它们会迅速找地方躲起来。出壳三个月后，小环颈雉离开亲鸟活动的时间会越来越多，它们或单独或几只结成小群一起觅食，至来年繁殖期时就该轮到它们开启新的"鸟生"篇章了。

环颈雉的颈环

环颈雉分布广泛，根据不同的分类规则，现在已经确认的亚种就多达 30 种。不同亚种的环颈雉雌鸟基本外观一致，很难区分，但雄鸟可以根据羽色和分布区域来进行基本辨识。有意思的是，这些亚种中有近 1/3 没有或仅有退化的颈环。例如高加索地区的环颈雉雄鸟就没有颈环，塔里木地区的雄鸟也通常没有颈环或颈环有明显退化的趋势。颈环缺失或退化的现象在环颈雉分布较广的北部较少见，而在南部更为常见，具体原因还没有定论。也因为环颈雉存在有环和没环两种情况，有些学者甚至把日本的国鸟——没有颈环的绿雉，当成是环颈雉的亚种，但其实它们是两种完全不同的雉鸡。

新西兰史前巨鸟

文/徐 蕾 邓 卓

恐鸟

在新西兰，曾经生活着一类不会飞行的大鸟，在当地毛利语中被称为 moa，曾为恐龙（*Dinosaur*）命名的理查德·欧文 1843 年将其命名为 *Dinornis*，直译过来就是"恐鸟"。

恐鸟家族里有 9 个不同的物种，其中最为著名的一种叫"高地恐鸟（*Megalapteryx didinus*）"，它们也是已知最后灭绝的恐鸟。正如人的手指各有长短，9 种恐鸟也并非都是一般大小，前面提到的 *Dinornis* 就是平均体形最大的巨恐鸟属，其中最高的恐鸟（*Dinornis robustus*）肩高达 2 米，可以轻松吃到距离地面 3 米高的树叶。而家族中体形最小但分布最广的小丛恐鸟（*Anomalopteryx didiformis*）即使伸长脖子也只有 1.3 米。

恐鸟虽然是鸟，身体上却缺少了鸟类最明显的一个特征——翅膀，而且连翅膀退化的痕迹都已经消失，甚至在骨骼上都看不出痕迹了。而它们两只强壮的大脚一看就是善于在地面行走的类型，从外观上看恐鸟与非洲鸵鸟很相似，主要区别就在脚趾和脖子。脚趾数量上，非洲鸵鸟只有2趾，而恐鸟则是3趾。此外，恐鸟的脖子上覆盖着羽毛，不像非洲鸵鸟是个光脖子。

雌性非洲鸵鸟

灭绝动物系列邮票
中的恐鸟

恐鸟的家乡新西兰，位于太平洋西南部，远离大陆，大海的阻隔加上当地独特的自然条件形成了独一无二的生态系统。在人类到达之前，除了蝙蝠和海洋里的鲸类，新西兰全境几乎没有其他哺乳动物。经过数百万年的演化，恐鸟填补了哺乳类动物的生态位，分布范围从高山到低地，从潮湿的森林到干旱的灌木区及草原，恐鸟在这片土地上自由地生活。唯一的天敌来自空中，当地的另一种巨鸟——哈斯特鹰，它专门捕食地上的恐鸟。

　　但是，随着700多年前人类到达新西兰，恐鸟很快就消失了，而它们的捕食者哈斯特鹰也随之消失。科学家们通过大量的资料整理、野外考察和实验室研究工作，最终认为，人类对恐鸟的灭绝负有不可推卸的责任。在最初的波利尼西亚人踏上新西兰的土地之后，恐鸟的厄运便由此开始。由于恐鸟不会飞，加上性情温顺，很容易被捕捉到。人类从北到南大量猎杀恐鸟，把恐鸟的遗骸成堆的弃置在岛上的各个狩猎点。人们不仅食用恐鸟的肉、蛋，还用恐鸟的皮肤、羽毛和骨骼制作衣服、饰物、生活用具和武器。同时，他们大面积放火烧荒，建立家园，使恐鸟的生存空间越来越小。另外，随波利尼西亚人一同到来的还有狗和老鼠，它们也对恐鸟的幼雏和鸟蛋带来了威胁。

一个不争的事实是，不管全球环境发生了多大变化，从距今13000年前到9000年前人类开始遍布世界各地，几乎与此同时，许多巨型动物也开始消失。

恐鸟骨架图

恐鸟为什么不会飞

研究显示，6500万年前恐龙突然大规模消失，随后形成了一个没有霸主统治的、自由捕食的生态系统。在这个生态系统中，由于曾经的大型掠食者已不复存在，恐鸟的食物变得相当充足，因此也就不需要飞来飞去地躲避和觅食了。

恐鸟的祖先是很早以前从南方古陆的另一片区域飞到今天新西兰这片区域的。在恐龙灭绝后，它们的体形开始变大，但依旧会飞。可是，当南方冈瓦纳古陆分解开来，它们就独立生活在了远离大陆的新西兰。那时新西兰陆地上的动物只有一些蝙蝠和蛙类，还有一些其他种类的鸟类，没有大型掠食性哺乳动物，更没有能对它们构成多大威胁的天敌，再加上植物种类非常丰富，使得新西兰成为恐鸟祖先的乐土。在那里，它们能够自由觅食和生长，慢慢地，它们的体形越来越大，飞翔能力废弃，翅膀完全消失，最终进化成为一支全新的族群——恐鸟。

最大的鸟类

文/徐 蕾

世界现生鸟类中体形最大的是非洲鸵鸟，高达 2.8 米，体重超过 140 千克，但即便巨大如斯，它依然不是有史以来最大的鸟类——象鸟的对手。鸟如其名，象鸟就像今天的大象一样，体形是所有鸟类中最大的。象鸟还被称作隆鸟，即"高高凸起的鸟"的意思，它们身高可以达到 3 米，有些体重甚至超过了一些中型恐龙，达到了惊人的 800 千克，相当于 10 多个普通成年男性体重的总和。

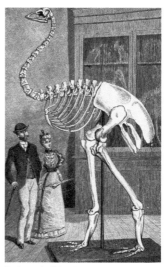

象鸟及其骨架（木版画，1895 年）

象鸟生活的马达加斯加岛——世界第四大岛，是大约8800万年前随着冈瓦纳超级大陆的逐渐解体而从印度分离出来的，之后岛上的生物在相对独立的环境中演化出很多非常独特的物种。据统计，岛上90%的野生动植物都是别处没有的。仅象鸟就有3属6个以上不同的物种，体形大小也各异，其中，2018年新发现的泰坦巨象鸟（*Vorombe titan*）是这个家族里个头最大的，也是目前人类已知存在过的最大鸟种。有意思的是，科学家通过对象鸟的DNA研究后发现，在现生鸟类中和象鸟关系最近的并非生活在非洲的非洲鸵鸟，而是一种生活在1万多千米之外的新西兰的几维鸟。几维鸟的体形和鸡差不多大小，靠在地面找寻蚯蚓等软体动物为食。而象鸟生活在岛上植被茂盛的森林地区，以各种树木的果实为食。

几维鸟

在鸟类家族中，鸟蛋的大小和鸟类体型密切相关，所以象鸟生出的蛋，也就成了鸟类世界中最大的鸟蛋。一枚象鸟蛋的长度可以达到34厘米，体积有9升左右，也就意味着一枚象鸟蛋中可以塞进大约160枚普通鸡蛋。即使是恐龙蛋，到目前为止也还未发现在尺寸上能超过象鸟蛋的。象鸟蛋不仅巨大，可能还十分坚固。众所周知，鸵鸟蛋可以承受一个普通成年人的体重而不破裂，它的平均蛋壳厚度大约是3毫米，而象鸟蛋蛋壳的厚度达到了5毫米！它的坚固程度可想而知。

然而即使拥有如此坚固的外壳，象鸟蛋依然难以逃过成为人类食物的厄运。象鸟和象鸟蛋对早期登陆马达加斯加岛的人类来说都是不可错过的美味大餐，能保留至今的象鸟蛋并不多。据统计，现在全世界范围内保存完整的象鸟蛋标本只有不到20件，曾经有收藏家花费10万美金才从拍卖行拍得了一枚象鸟蛋。这些珍贵的象鸟蛋中有一枚现在保存在美国国家地理学会的博物馆中，不同于其他象鸟蛋标本，这枚蛋中还保存着尚未孵化的象鸟胚胎！

对成年象鸟而言，马达加斯加岛上并没有什么真正的天敌存在，直到几千年前人类出现在岛上。象鸟灭绝的主要原因是什么，至今没有定论，包括人类的捕杀和对栖息地的破坏，外来物种携带的病菌等因素，都可能是背后推手。但不可否认，对于象鸟的灭绝，人类负有不可推卸的责任。

上海自然博物馆灭绝长廊中的象鸟

大鹏与古象

西方传说中的大鹏名为 Roc 或 Rukh，该词来自波斯语。传说体形巨硕，羽呈白色，以象为食，力大无匹。关于大鹏的原型到底是哪种生物，众说纷纭。至少有一种说法认为大鹏源自现实生活中的象鸟。因为阿拉伯人的早期航海中，是有可能到达马达加斯加附近，并亲眼见过活着的象鸟的。有人猜测他们可能把不会飞的象鸟认为是大鹏的幼鸟。

在阿拉伯名著《一千零一夜》里，有许多传说提到大鹏，以"辛巴达航海记"最为有名。辛巴达在第二次出海时被弃置孤岛，发现了巨大的鸟蛋，周长有五十步。随后大鹏回巢，辛巴达便将自己系在鸟爪上，靠鹏鸟携带，逃到高崖之上。辛巴达第五次航行时又在一岛上发现大鹏蛋，同行商人破壳争食。结果雄雌二鸟归来，他们扬帆逃窜，最终船被大鹏用巨石击沉。约公元 1375 年，阿拉伯旅行家伊本·白图泰在日记中写道："本以为那是座山，原来竟是只鹏鸟！它若是看见我们，会把我们消灭的。"

筑巢能手的"手艺"

文 / 卓京鸿

纹胸织布鸟在巢里

鸟巢是鸟类繁衍后代的重要场所，根据生境、习性、生理特性等不同，不同鸟类营造的鸟巢也各有千秋。这其中既有像缝叶莺这样以树叶为"布"、以蛛丝为"线"的裁缝高手，也有像啄木鸟这样自己开凿树洞为巢的"木工"。但论筑巢的精巧和复杂程度，织布鸟可以说是鸟类王国中当之无愧的筑巢高手。

在英文中，织布鸟被称为 weaver，即织布者的意思。织布鸟科成员众多，包括织布鸟属（*Ploceus*）及雀织鸟属（*Plocepasser*）等若干个独立属，分布于非洲、欧洲南部至亚洲的广袤区域。

织布鸟堪称鸟界最出色的建筑师，寻常的野草在它们的嘴下仿佛被赋予了无限可能，它们能利用新鲜采集的有着更好柔韧性的嫩草，结合精湛的编织方法和打结技艺，编出复杂又精美的"别墅"，甚至能造出 500 只鸟同住的巨型"公寓"！

　　黄胸织布鸟（*Ploceus philippinus*）是在我国有分布的两种织布鸟之一，在云南西双版纳地区可以见到，它的巢可以说是所有织布鸟中最精致的。为了防止蛇、猴子等动物找到鸟蛋和雏鸟，它们通常会把自己的巢修筑在细细的树梢上，使掠食者只可观望。但要在细枝上筑巢，本身就是一个极大的挑战，更何况还要筑造一个复杂的编织巢。

黄胸织布鸟筑巢

社交织布鸟的巢

巧妇难为无米之炊，它们第一步要找到合适的新鲜植物叶片，将叶片撕得又细又长，方便后续操作。万事开头难，雄鸟要先把撕碎的树叶缠在树梢上，然后自上而下制作实心巢颈，接着渐渐扩大做成一个圆形环状巢体。这个过程可能会失败好多次，而且如果当进度过半，雄鸟仍未吸引到异性注意的话，雄鸟很有可能会就此放弃。而当雄鸟成功得到雌鸟青睐后，雌鸟便会加入筑巢的行列，协助雄鸟将剩余的鸟巢完成。为了防止鸟巢被风吹动，鸟蛋滚落到外面去，它们会在巢室中修一道墙。鸟蛋的底部也会垫上一层柔软的植物，以免鸟蛋破碎。

有人曾观察发现，织布鸟一般需要用18天左右的时间来筑巢。这其间有大约500趟的来回飞行，采集超过3500根草来编织和固定它们的巢。

如果说黄胸织布鸟的巢是别墅，那另一种生活在南非的群织雀（*Philetairus socius*，也叫社交织布鸟）所筑的巢就是"群体公寓"了。它们可称是世界上最热闹鸟巢的制造者。

　　这座"公寓大楼"的长度接近 9 米，高达 2 米，由所有居住成员共同维护，"公寓"内包含 30 ～ 300 个独立巢室，根据每个巢室一对亲鸟来算的话，住户最多可达 600 只织布鸟。它们共同居住，合作繁衍，相亲相爱的程度堪属鸟中异类，不仅哥哥姐姐会帮忙喂养弟妹，甚至还会照顾邻居的雏鸟！雏鸟长大后，也不会被赶出家门，顶多搬到新盖的巢室去居住。

　　巨型公寓鸟巢远看似乎像个杂乱又庞大的草堆，但其实设计精良。群织雀会用较大的细枝盖屋顶，用干草叶来做间隔，比较尖的草茎则布置在入口通道，以防蛇类等掠食。巢室是生儿育女和睡觉的地方，一般衬以柔软的叶子、棉絮、兽毛或羽毛等。神奇的是，无论巢外温度降到 0℃ 以下，或是超过 30℃，巢内温度始终能保持在 20℃ 左右，这为巢中的蛋和雏鸟提供了理想的栖身之所。

社交织布鸟

黑头群织雀和它们的鸟巢

值得一提的是，住在森林里以昆虫为食物的织布鸟，没有群聚筑巢的习性，是雌雄共同筑巢；而生活在草原、沙漠，以植物种子为食物的织布鸟，通常会群聚筑巢，并由雄鸟负责主要的筑巢任务。

鸟巢记录环境

鸟巢就像大自然的记录本，是重要的时代产物，它记录下了当时最真实的自然环境面貌。

以群织雀为例，它们并不需要每年筑造新巢，只需在旧巢的基础上缝缝补补，有些鸟巢可以使用超过 100 年之久，有些鸟巢提前报废的原因，竟然不是鸟巢本身的"质量"有问题，而是因为筑巢的树木最终因各种原因朽烂死亡。研究人员可以比较鸟巢标本中巢材的二氧化碳含量，探讨全球变暖的环境史，也可以比较不同时期的相同巢材，检验出空气污染的情况。

象牙喙啄木鸟消亡史

文 / 葛致远

　　2021 年，美国鱼类及野生动物管理局将 23 种生物从美国濒危物种名录上去除，正式宣布它们灭绝。这其中就包括一种大型啄木鸟——象牙喙啄木鸟（*Campephilus principalis*）。

　　象牙喙啄木鸟曾经是美国最大的啄木鸟。象牙一直都是高贵稀有的象征，鸟如其名，拥有象牙色长喙的它，在一众黑色喙的啄木鸟中也显得与众不同。它们曾经广泛分布在美国东南部的沼泽和针叶林栖息地中，但却随着南北战争后伐木业的兴起逐渐走向了衰亡。众所周知，体形大的动物较体形小的动物往往对于生存栖息地的需求也会更大，像象牙喙啄木鸟这样的大型啄木鸟更是需要很大面积的沼泽和森林来为它提供生活所需。而伐木造成的栖息地减少和碎片化，再加上人们对于珍稀动物标本的收藏癖好日盛，对于象牙喙啄木鸟来说更是雪上加霜。

象牙喙啄木鸟的科学绘画

　　1967年，象牙喙啄木鸟被正式列为濒危物种；1973年，美国濒危物种法案正式通过并开始实施。然而，这距离上一次人们在野外目击象牙喙啄木鸟的时间——1944年，已经过去了近30年。

　　尽管如此，科学家和鸟类爱好者们一直没有放弃对于这种传奇啄木鸟的寻找。它成了无数观鸟者最想在野外见到的鸟种之一，人们希望能在有生之年一睹它的英姿，哪怕是能听到它独特的啄木声也心满意足了。但又过去了30年，关于它的目击记录仍只存在于人们的口口相传之中。直到2005年，由康奈尔大学鸟类实验室领衔的科学家团队对外宣布，他们于2004年在美国阿肯色州的国家自然保护区中重新发现了象牙喙啄木鸟的踪迹，并公布了包括一段视频和数段录音在内的一系列证据，引起了广泛关注和讨论。当年6月，该发现登上了著名学术期刊《科学》的封面。

虽然围绕 2004 年象牙喙啄木鸟的再发现，至今都存在争议，但它却点燃了人们对于这种鸟还没彻底消失的希望，对于象牙喙啄木鸟的搜寻热情更是达到了空前高涨的程度。位于阿肯色州自然保护区附近的布林克利也从昔日安静的小镇变成了人来人往、热闹非凡的著名景点，无数的"啄木鸟猎人"慕名而来。许多人坚信象牙喙啄木鸟一定还生存在某片人迹罕至的沼泽区。

2006 至 2010 年，由科学家组成的科考队对美国东南部进行了地毯式搜寻，覆盖了美国 8 个州，近2200 平方千米的土地面积。但是这些努力没能换来更多有价值的信息，象牙喙啄木鸟还是消失在了人们的视线之中。

象牙喙啄木鸟栖息地沼泽环境

与象牙喙啄木鸟很像的北美黑啄木鸟

　　和象牙喙啄木鸟有着相似命运的物种还有很多很多，这些物种的不幸根本上源于人口增长、栖息地破坏和气候变化等与我们人类息息相关的因素，如果我们不尽快采取行动，未来会有越来越多的物种步象牙喙啄木鸟的后尘。

防止"脑震荡"

　　几乎所有啄木鸟都有啄树干捕虫的习性。一方面，啄木鸟通过啄击树干的声音来判断虫子躲藏的位置；另一方面，猛烈而高速的啄击，足以凿穿树皮和木质层。不过，啄木鸟这种不懈地啄木行为，会对它的头部产生强烈的震动和冲击。幸好，啄木鸟脑壳周围有一层强韧的组织，里面还有大量液体，可起到缓冲作用。头颈部的肌肉也十分强健，既能保持啄击动作的准确性，也对头部所受的震动起保护作用，防止"脑震荡"。

鸟儿求偶大"炫技"

文/朱 莹 张 昱 曹晓华

"关关雎鸠，在河之洲。窈窕淑女，君子好逑。"

"在天愿为比翼鸟，在地愿为连理枝。"

"得成比目何辞死，愿作鸳鸯不羡仙。"

······

中国文学史上，以鸟类求偶歌颂爱情忠贞的诗词数不胜数。事实上，鸟类世界里想要成就一段"姻缘"也并非易事，不同的鸟为博取异性欢心可谓是"八仙过海，各显神通"。

雌雄鸟类外表的差异被称为"二型性"，这是吸引异性最基本的方式，孔雀就是典型例子。每当繁殖季来临，雄孔雀便展开一米多长的尾屏，争先恐后向雌性炫耀自己的七彩华服。绚丽多姿的羽毛好似金绿色的丝绒，泛着点点金属光泽，末端还点缀着由蓝、黄、绿等色构成的大型眼状斑，阳光照射下熠熠生辉，耀眼夺目。其他诸如红腹锦鸡、普通朱雀等也会采取类似"以貌取人"的择偶策略。

孔雀开屏

军舰鸟求偶

即使没有五彩斑斓的羽毛，有些鸟类也会通过展示身体其他部位来达到相同的目的。例如栖息在海岛之上的军舰鸟，每当繁殖季，雄鸟的喉囊便摇身一变，成为求偶时炫耀的道具。雄鸟会极力膨胀喉囊，其颜色也会从之前的暗红色变成鲜艳的绯红色。

在植被茂密的林地，声音往往能更快地让异性发现自己，以善鸣唱而著称的鸣禽就深谙其道。例如云雀，虽然其貌不扬，但歌声嘹亮，是少数能在飞行中歌唱的鸟类，因此又被唤作"叫天子"。求爱的时候，雄鸟会唱着婉转的歌曲在空中飞翔，其声清脆如铃，是持续成串、委婉动听的颤音，能传播得很远。有时云雀还会响亮地拍动翅膀，希望借此来引起雌性的注意。又如画眉，阳春三月春暖花开的时候，画眉雄鸟便开始大鸣细唱，向雌鸟表示爱慕之情。其声婉转多变，极富韵味：快叫时，激越奔放，似珠落玉盘；慢叫时，又如行云流水，余音袅袅。

云雀鸣唱

丹顶鹤跳求偶舞

　　除了外表炫耀和婉转鸣唱，鸟类还会通过其他一些肢体行为来传递求偶信号，例如生活在我国东北地区的丹顶鹤就是以"舞"求爱的高手。每年 3 月中下旬，丹顶鹤便齐聚繁殖地，等待上演一场华丽舞会。求偶过程中，雄鸟昂起头颈，引吭高歌，发出"he-he-he"的嘹亮歌声，同时迈出优雅的舞步，或屈膝弯腰，或原地踏步，或跳跃空中，有时还会叼起小石子或树枝抛向空中。

翠鸟献鱼求偶

　　有些水鸟在求偶时，还会采用身体接触的方式来表达亲昵。例如大型游禽鹈鹕，在接近配偶时常常会振翅起舞，并不断用嘴厮磨和梳理抚弄雌鸟羽毛，以讨得伴侣的欢心。还有鸟类会利用食物来讨好异性，像是郑重其事地向对方递上一份"彩礼"。擅长捕鱼的翠鸟在求偶时就必须献上几条小鱼，否则等待它的就是雌鸟无情的拒绝了。

　　为了尽可能地让异性接纳自己，鸟类在求偶时通常会多管齐下，希望能产生 1+1 大于 2 的效果。生活在南太平洋岛屿上的天堂鸟虽然已经拥有了五颜六色的美丽羽衣，但每年夏天婚配的黄金时期，雄鸟还是会竭尽全力，向雌鸟展示歌喉和舞姿，为自己争取更多的筹码。

园丁鸟雄性吸引雌性进入求偶亭

鸟巢庭院

如果既没有英俊的外表，又没有悦耳的歌声，也不善舞蹈，那么精通一门搭窝筑巢的技术也是个优势。

园丁鸟就是这么一类靠"手艺"追求异性的能工巧匠。它们精心挑选建材，用一束束树枝筑成林荫甬道和亭子状的鸟巢，并在亭子的周围饰以蜗牛壳、羽毛、花朵、真菌类植物等小物件，如果附近有居民区的话，还会找来玻璃珠、纽扣、彩色毛线和金属丝等物件，为庭院增光添彩。巢穴完工时，殷勤的雄鸟便会带着心仪的雌鸟前来参观，并用嘴衔着一些装饰物向雌鸟翩翩起舞，讨取它的欢心。

命运的召唤——鸟类迁徙之旅

文 / 何　鑫　刘妍静

　　非洲草原动物大迁徙被誉为世界上最壮观的野生动物景象之一，这场在坦桑尼亚塞伦盖蒂和肯尼亚马赛马拉之间往返的迁徙行为，声势浩大，绕一圈下来足有3000多千米。但是，比之各种鸟类的迁徙，这点距离实在算不了什么，例如我们身边的小燕子，每年夏季完成繁殖任务后，从上海这样的城市出发，前往东南亚的印度尼西亚、马来西亚越冬，单程就接近4000千米！

　　有些鸟类，每逢春季和秋季都会有规律地、沿相对固定的路线、定时在繁殖地和越冬地之间进行长距离的往返移居，这种行为就是鸟类的迁徙。而这些具有迁徙行为的鸟种就是迁徙鸟类，也被称为"候鸟"。

成群迁徙的大滨鹬（何 鑫 摄）

　　世界上有三大著名的鸟类迁徙区：欧洲—非洲、北美洲—南美洲、亚洲—大洋洲。在此基础上，还可将它们细分为八条乃至更多的候鸟迁徙路径。其中最著名的迁徙路径当属途经我国东部沿海地区的东亚—澳大利西亚候鸟迁徙路径了。以鸻鹬类为主的水鸟，就是这条迁徙路线上集群迁徙的代表。它们的繁殖地通常在西伯利亚和阿拉斯加的苔原冻土带，每年五六月完成繁殖后，它们便会陆续集群南迁。在八月底至十月中旬途经以上海为代表的中国东部沿海，然后继续向南跨越赤道前往澳大利亚和新西兰越冬，到第二年三月再开始北返。

排成人字形的候鸟队列

　　不仅是水鸟，以猛禽为代表的林鸟，也会遵循着各自的路线，集群南迁和北返。而且不同类型的鸟类，选择迁徙的时间也各不相同。例如猛禽常常会在白天利用日晒后的上升气流集群进入高空继续迁徙。而以小型林鸟、鸻鹬类、雁鸭类等为代表的鸟类，往往会选择在夜间迁徙，避开掠食动物的虎视眈眈。有研究认为，白天迁徙的鸟类主要利用太阳或者地面景观定向，而夜间迁徙的鸟类则利用月球和星空定向。

　　为了在迁徙过程中更有效地利用气流，减少迁徙中的体力消耗，集群行进的鸟类还会形成人字形（在英文中被称为"V"字形队）或一字形这样的整齐队列，这在雁鸭类中尤为常见。

　　与候鸟相对应的就是留鸟，留鸟不随季节迁徙，而是在一个地区长期生活和繁衍后代。不过留鸟和候鸟并不是绝对的。有些鸟类的分布范围广泛，其中会迁徙的种群为候鸟，而一年四季留在相对固定区域生活的种群，便是那里的留鸟。还有气候、食物等因素，也有可能影响鸟类迁徙，例如全球气候变暖就使一些原本冬天该南迁的候鸟放弃旅行计划，变成了某一地区长住的留鸟。

当声势浩大的鸟群挥动翅膀开启它们的迁徙之旅时，它们并不知道自己是否会成为那个安全抵达终点的幸运儿。越来越多的人类设施和建筑已成为候鸟迁徙的巨大阻碍，例如风力发电机、通信塔和电力线，密布于海边鸟类迁徙通道的中心区域；城市的高楼大厦，闪烁的玻璃幕墙成为造成万千鸟类撞击死亡的隐形杀手。除此以外，身心俱疲的鸟类可能还要面临来自人类的大肆捕捉和杀戮、车辆的撞击路杀、流浪动物的捕杀等更多威胁。

穿行于建筑物中的迁徙鸟群

鸟类迁徙之最

北极燕鸥是鸟类迁徙距离纪录的保持者。在北极圈繁殖的它们每年秋天会前往南极越冬，一年中往返南北极的迁徙距离达到了惊人的 80467 千米，等于绕着赤道飞行了 2 圈。

而最长的不停歇迁徙纪录来自一只编号"4BBRW"的雄性斑尾塍鹬（*Limosa lapponica*）。根据卫星数据显示，它从美国阿拉斯加出发后便一路不停地飞，从不降落地面直至抵达新西兰，全程接近 12200 千米，总共耗时 224 小时。

路边的小鸟勿乱捡

文 / 刘雨邑

　　春夏季节是大多数野生鸟类的繁殖季。经过筑巢、求偶、交配、产卵、孵化、育雏等一系列步骤，在春夏之交，很多鸟宝宝开始进入"出巢期"。这时候的它们，飞羽虽已基本长成，但飞行本领还不娴熟，刚刚开始跟着父母离开鸟巢，学习一系列生存技巧；这时候的它们，也很容易被掠食者盯上，离开了高高在上的巢穴，一不留神就可能成为其他动物的美餐；这时候的它们，羽翼尚未丰满，落在低处一副弱小无助的样子，很容易被好心的我们捡到，结果就可能"好心办了坏事"。

　　为什么不要随便捡拾路边的小鸟？

首先，正常出巢的幼鸟可能并不需要我们的帮助。还处在出巢练飞期的幼鸟看似孤立无援，其实通常依然处在父母的监护下，亲鸟会定时出现，为幼鸟提供食物。幼鸟落在路边时，亲鸟可能正躲在暗处，密切关注着孩子的一举一动。这时将幼鸟带走，无异于将它们亲子拆散。

其次，路边的小鸟，不管是常见的麻雀、白头鹎、珠颈斑鸠，还是比较罕见的仙八色鸫、太平鸟，它们都属于野鸟，有的是珍稀鸟类的幼鸟，属于受国家保护的野生动物，按照《野生动物保护法》的规定，个人不能随意饲养保护动物，如果捡回家，就触碰到了法律的红线。

不仅如此，普通人要想照顾好一只鸟宝宝可不是一件容易的事情。幼鸟新陈代谢快，需要频繁进食，因此亲鸟每天要不停地寻找食物来喂养鸟宝宝。而且每种鸟吃的食物还不一样，要保证幼鸟摄入食物的营养均衡也不是件容易的事。更何况还有像珠颈斑鸠幼鸟，以鸽乳为食，要寻找替代品就更不容易了。这样复杂的抚养工作，一般人是很难驾驭的，如果喂的食物不对的话，鸟宝宝可能很快就会因为缺乏营养而全身飞羽脱落，甚至站不起来，最后死亡。

民间一直流传有"麻雀气死"的故事，事实上，这在动物生理学上专门有个名词，叫"应激"，解释为动物机体受到外界不良因素刺激后，在没有发生特异的病理性损害前所产生的一系列非特异性应答反应。简单来说就是有的幼鸟特别胆小，光是看到人类，就已经"心惊胆战"了，再加上不吃不喝，活活地把自己吓死！

　　而且，人类很难替代亲鸟，向幼鸟传授诸如飞行、觅食等基本的生存技巧。科学家们做过很多实验，人工养大的鸟类，想要放回大自然，是特别困难的事情，就算是鸟类学专家，也不一定能成功，更何况是完全没有相关专业知识背景的普通人呢。

幼鸟与亲鸟

总之，路边的小鸟不要捡，如果捡回家，很可能就是好心办了坏事。

那我们如果看到路边掉落的小鸟，应该怎么办呢？

首先，可以看看小鸟的样子。如果小鸟身上还是毛茸茸的，或者是光秃秃没有毛，不会走路也不会扑扇翅膀，那就需要找一找附近有没有鸟巢。如果找到的话，想办法把小鸟放回鸟巢就好了；如果没有找到，可以用纸盒、塑料盒做一个鸟巢，固定在附近高处就可以了。

如果鸟宝宝羽毛已经全部长齐，也会走路和扇翅膀了，那就更不需要担心了，你需要做的就是把它们从马路上拿开，放到附近的树杈、窗台上，远离流浪猫的攻击范围，它们的父母会来管它们的。

还有一个被广泛流传的说法，说鸟宝宝如果身上沾了人的气味，鸟爸鸟妈就不要它了。但这完全是部分人主观猜测编造出来的，真相是，鸟的嗅觉非常迟钝，所以它们并不会察觉出什么异样，更不会不要自己的宝宝。

如果鸟宝宝受伤了，在流血，或者是你知道它们的鸟巢已经被彻底毁掉了，父母已经死掉了，这个时候它们才需要我们的帮助。不然的话，还是让它们自己静静地待着吧。

雏鸟与亲鸟

雏鸟和幼鸟

　　雏鸟和幼鸟最大的区别就是后者已经可以离开鸟
巢，可以一定程度上在亲鸟的势力范围内自由活动。雏
鸟如果掉落巢外而无法放回的话，通常需要人工干预进
行救助，而幼鸟如果没有伤情的话，则完全不需要救助。

　　雏鸟在发育后期和幼鸟很像，需要仔细观察才能
辨别。幼鸟的飞羽已经基本生长发育完全，已经具备
了一定的活动能力，通常可以灵活蹦跳和短距离扑动
翅膀滑行，看到这样的小鸟请不要去追逐，远远观察，
确定其所处位置无危险即可。

鸟屎的烦恼

文 / 宋婉莉

　　随着城市生态环境的逐步改善，街道小区的绿化越来越好，各种鸟类回到了我们生活的空间里。不过，鸟儿多了，从天而降的鸟屎常常将刚刚洗刷一新的车辆喷溅得面目全非，难免让人心生烦恼。车主们甚至将鸟比作"迷你轰炸机"，来讽刺它们在飞行中随意拉屎的坏习惯。

　　相比许多其他动物，鸟类的排泄频率确实更高。对于许多小型鸟类，它们平均每十五分钟就会拉一次屎，随着体形增大，它们的排泄间隔也有所延长。鸟类的这种高频拉屎行为其实是鸟类适应飞行生活的巧妙演化结果。为了飞行，鸟类既需要高效获取食物来提供能量，但也不能长时间被消化后产生的多余重量给拖了后腿，因此通过随时随地排泄粪便来减轻冗余体重就成了很好的方法。同时，鸟类的飞行生活，使它们不可能为要排泄而专门停落下来，这样既耽误了飞行觅食，也增加了受到外敌攻击的危险性。实际上，在鸟类泄殖腔的开口处有强大的括约肌，可以控制排泄，有些鸟类甚至还能向有进攻行为的物体发射粪便来进行自我防御。

鸟排泄的瞬间

　　可别小看这些鸟屎，它们确实会对诸如汽车车漆等物体表面造成伤害，而鸟屎的杀伤力主要源于它的强酸性和其中混杂的一些未被消化的硬物。鸟屎的强酸性主要是因为鸟屎中混杂着鸟尿，鸟尿的主要成分是尿酸。原来，鸟类的直肠末端有一个膨大的泄殖腔，这是一个排粪、排尿和生殖的公共通道，它们排泄的物体往往是粪和尿的混合体。

　　鸟类和爬行动物一样，都属于排泄尿酸的动物，也就是说它们氮代谢的最终产物是尿酸，而非像人类一样代谢产生的是更温和的尿素。我们经常见到的鸟屎都是白色夹杂着其他灰不溜秋的颜色，这其中白色部分就是鸟尿。鸟尿的主要成分就是尿酸，尿酸不像尿素一样易溶于水，所以它会呈现出白色晶体状态。

哺乳动物排 1 克尿大概需要 60 毫升的水（尿素溶解需要这么多水），而鸟类排泄同等尿量只需要 1.5 ~ 3 毫升的水。这种以尿酸为主要成分的"浓缩尿"的产生，是对卵生环境适应的结果——"节约用水"。鸟类的胚胎在蛋壳中完成发育，从发育初期开始，水的来源便受到限制，而代谢产生的含氮废物只能存储在胚胎的尿囊中，直到破壳而出。由于尿酸难溶于水，以晶体的形式沉淀并贮存在尿囊，多余的水就可以被重新吸收，大大提高了卵内水分的利用效率。

当然，除了尿酸，鸟类排泄物中还有尿素盐、磷酸、草酸、碳酸盐等其他酸性物质，它们的存在也进一步提升了鸟屎的腐蚀性。

英国一些志愿者曾经做了这样一个有趣的调查，在 1760 辆汽车上寻找鸟屎。调查结果显示，超过 60% 的白色车上一天有 5 坨以上的鸟屎，数量明显多于黑色等其他颜色的车辆。而另一些英国人在对英国五座城市的 1100 多辆车进行调查分析后得出结论，红色车是最容易被鸟屎盯上的目标。后来，有研究者又做了一次类似实验。他们用黑白两个垃圾桶代替汽车，放在一座鸟园内，看看哪个垃圾桶更能吸引鸟来排泄。一周后，答案揭晓：黑色垃圾桶有三坨鸟粪，白色的则有七坨。不过，这些都只是民间自发的调查，对于鸟拉屎时究竟是不是对车的颜色有偏好，还有待更多的实验数据和理论来证明和解释。

被鸟屎弄脏的汽车

鸟屎咖啡

你知道猫屎咖啡吗？它源于生活在印度尼西亚的麝香猫吞食咖啡果实后，通过肠胃消化和发酵作用，排出的咖啡豆具有了一种特殊的香味。由于这些咖啡豆产量低，风味独特，因此十分昂贵，名扬四海。无独有偶，在巴西有一种鸟屎咖啡 (Jacu Bird Coffee)，堪称世界上最昂贵的咖啡之一。当地人口中的 Jacu 实际上是对于鸡形目凤冠雉科冠雉属 (Penelope) 下鸟的一个统称，它们在冬天会以咖啡果为食，而它们吃掉咖啡果后排出的粪便就是制作鸟屎咖啡的关键原料——咖啡豆。在鸟体内的这段旅程不仅没有破坏咖啡豆的结构，反而带来了更为独特的风味，使得它们大受追捧。

鸟儿不辨辣之味

文 / 宋婉莉

　　2021 年的诺贝尔生理学医学奖被授予了在"发现感知温度和触觉的受体"上做出杰出贡献的两位科学家，而他们的研究对象之一，竟然就是我们生活中再熟悉不过的一味调料——辣椒。

　　"辣"其实并不是一种味道，而是辣椒素激活痛觉纤维所感受到的一种痛觉。辣椒素会与口腔和消化道中的 TRPV1 受体蛋白结合，激发 TRPV1 离子通道，进而产生并传递痛觉信号。虽然 TRPV1 通路在动物界中广泛存在，但并非所有的动物都对辣有着一样的敏感程度。科学家早在 2002 年就通过实验证实，鸡的 TRPV1 蛋白中的部分区域和大鼠存在差异，导致鸡对辣椒素不敏感，而事实上，整个鸟类家族都天生对辣"免疫"！

　　在漫长的进化历史上，能够成功繁殖并扩散的植物，都有办法将自己的果实或种子安全送达适宜生长的地方。它们有的像蒲公英那样利用风力传播，有的像椰子那样利用水流漂洋过海，而依靠动物活动来传播果实或种子也是许多植物采取的一种高效传播策略。

　　辣椒属的植物有30余种，原产地都在美洲，人类目前普遍取食的辣椒最早的驯化地位于墨西哥东南部。在长期的自然选择过程中，辣椒就像很多其他植物一样，逐渐演化出鲜亮的果实和较高的营养价值，来吸引动物取食，帮助自己传播。

　　但是并非所有动物都能成为辣椒的传播者，辣椒所吸引的对象主要是鸟类，而不是哺乳动物。这是为什么呢？

　　原来，哺乳动物大都有着比较发达的臼齿，会在吃辣椒果实的时候把种子都嚼碎，如此便违背了辣椒依靠动物传播种子的初衷。这样一来，随着哺乳动物采食量的增加，可传播的种子也会越来越少。因此，辣椒经过长期演化，渐渐积累了"辣"的生物碱，也就是辣椒素，它们可以在哺乳动物的口腔中产生灼烧感，来避免这些咬合力强的动物把自己的种子咬碎。可是，如此一来，"怕辣"的哺乳动物往往对辣椒望而却步，辣椒的种子又靠谁来传播呢？

幸好还有鸟类！鸟类进食时不经过咀嚼，加之消化道较短，种子在体内停留时间短，不会破坏没有坚硬种皮保护的辣椒种子，所以鸟类取食辣椒获得其果肉中的营养后，会排泄出未被消化的种子，成功帮助了辣椒种子的传播。久而久之，鸟类对于辣椒素便变得不敏感了。加上鸟类大多对颜色敏感，可以很容易地在茂密的植被中找到辣椒，并迅速分辨出成熟的红色果实，大大提高了辣椒传播的效率。

同时，辣椒不仅能形成辣椒素，它们还富含维生素、类胡萝卜素等鸟类健康成长所需的物质，鸟类可以通过取食辣椒获取相关营养，实现提高自身免疫力，增强羽色的作用。就这样，辣椒的传播和鸟类的生存相辅相成，自然的选择让它们相互配合，最终双方都能从中获益。

于是，在自然界，为了不被哺乳动物吃掉，辣椒变得越来越辣；而为了吸引更多鸟类前来啄食，辣椒的颜色也变得越来越鲜艳。

鹦鹉取食辣椒

味蕾之别

除了 TRPV1 受体蛋白的差异，鸟类在味蕾数量上也和哺乳类存在不小的差距。鼠类的味蕾数量一般在 1000 个左右，牛的味蕾数量可以达到 15000 ～ 20000 个之多，我们人类的味蕾数量在 8000 ～ 10000 个左右。可即使和鼠类相比，鸟类的味蕾数量也少得可怜。以鸡为例，虽然不同选育品系之间存在差异，但它们平均拥有的味蕾数量也只有 240 ～ 360 个，鹦鹉的味蕾有 400 ～ 500 个，已经算是鸟类中比较多的了，而鸽子的味蕾数只有不足 75 个。因此，鸟类不仅对辣椒素的刺激不敏感，对食物的味觉天生就较弱。对于它们来说，食物的"口味"如何可能并不重要，是否有毒，能不能填饱肚子才是它们关心的重点。

鸟击，人类飞行的梦魇

文 / 王军馥

人们曾梦想着像鸟一样翱翔于天空，经过不懈的尝试，世界上第一架飞机"飞行者"1 号于 1903 年 12 月 17 日问世。飞机的出现实现了人类飞天愿望的同时，也占用了部分原本属于鸟儿的天空。人类在天空的活动范围与鸟类的飞行活动范围产生了重叠，鸟击也随之发生。

鸟击，一般指在飞机起飞、飞行或着陆过程中与空中鸟类相撞所产生的飞行安全事故或事故征候。鸟击具有突发性和多发性，1905 年莱特兄弟首次记录了这类事件。随着飞机制造业的发展，鸟击逐渐成为严重威胁飞机安全起降的重要因素之一，所以国际航空联合会把鸟击事件升级为 A 级航空灾难。

成群迁徙的鸟

也许很多人认为，鸟击不是一个很重要的问题，体重才几百克至上千克的鸟儿对于重达几十吨甚至上百吨的飞机来说，似乎不值一提。但事实并非如此。根据动量定理测算，一只小白鹭与时速 800 千米的飞机相撞，会产生接近 153 千克的冲击力，堪比小型炮弹；而一只像丹顶鹤这样的大鸟，如果撞到时速 960 千米的飞机上，冲击力将超过 144 吨。所以一只鸟撞毁一架飞机绝非危言耸听。

虽然统计数据显示，超过 60% 的鸟击事件并没有造成严重的飞机损坏，但这种偶然的碰撞仍然会对飞机及乘机者的生命安全构成威胁，并带来严重的经济后果。

客机头部遭飞鸟猛烈撞击出现大洞

目前绝大部分民航飞机发动机都是涡轮风扇式发动机，运行时类似于一个巨大的吸尘器，极易将处在飞机飞行轨迹上的鸟类吸入，造成叶片损坏。当今发动机的设计通常能抵挡住单个小鸟的撞击，发生事故的可能性较小，但飞行中若多个发动机因鸟击发生故障，将致使飞机失去控制，导致坠机和人员伤亡。此外，当驾驶舱前挡风玻璃受到鸟类撞击时，轻则鸟类血迹会遮挡飞行员视线，严重时可能导致玻璃碎裂，对飞行安全造成极大威胁。鸟击事件除了可能酿成机毁人亡的惨剧之外，还会造成航班延误、设备损坏等一系列经济损失。所以，鸟击问题现在已经是全世界航空业共同面临的难题。

鸟击可能发生在飞机飞行的任何阶段，但最可能发生在起飞、进场和着陆阶段，这些阶段都与机场及周边环境紧密相关。鸟击防范是一项涉及多个学科和领域的复杂工作。初期阶段的防范工作主要集中在飞机如何提高鸟击防范性能上，后来才逐渐将关注点转移到结合鸟类学、生态学、物理学以及环境科学等领域来进行综合治理。通常人们认为，机场的噪音污染和频繁的人类活动都会对鸟类产生影响，使它们主动远离。但事实却是，很多鸟类偏偏喜欢在机场及其周边活动，因为机场内的草坪、周边的池塘水域都为鸟类提供了一定的栖息和觅食场所。针对这种情况，采取改变栖息地、控制鸟类

海鸥在客机前飞行

行为等方法可以有效降低机场对鸟类的吸引力。在维持机场所需草皮水平的同时，控制草的种类和高度、监测虫情的动态变化可以直接减少鸟类的隐蔽场所和食物来源；用水沟盖网或彩布覆盖池塘等水域，则可以阻碍鹭科鸟类着陆取食。驱鸟车、固定式煤气炮、声学驱鸟器、拦鸟网、驱鸟剂等设备也常被使用来达到驱赶鸟类的效果。

除了驱赶，很多机场也会使用远程监控、探鸟雷达等新的技术手段开展鸟击防范工作。远程监控提高了危险性鸟类防范的及时性，在时间和空间上提升了监测能力。探鸟雷达可以全天候自动"探看"鸟类的活动轨迹和范围，与计算机技术相结合开发出的鸟情探测和预警系统，为机场鸟击防范工作提供了新的思路和防控手段。

鸟击之最

世界上首例鸟击致人死亡事故发生在 1912 年，飞机被海鸥击中后失控坠入大海，飞行员遇难。

航空史上最严重的鸟击事件发生在 1960 年，一群多达 2 万只的欧椋鸟（ *Sturnus vulgaris* ）飞到飞机的航线上，大量欧椋鸟被吸入引擎，4 个引擎中的 3 个失去动力，导致飞机快速坠毁，62 人遇难。

鸟类的骗术

文 / 胡运彪

叉尾卷尾

在鸟类世界中，有不少团结友爱、互帮互助的例子，但并非所有的鸟都是光明磊落的"正人君子"哦。

例如，叉尾卷尾（*Dicrurus adsimilis*）这种分布在非洲的黑色小鸟，就经常会通过模仿别人的报警声来欺骗其他动物从而窃取它们的食物。

叉尾卷尾主要以昆虫为食，但却有着一个特殊的习惯——喜欢"耍弄心机"窃取别人的食物，而且这部分食物占到了自己食物来源的23%。受害者主要是细尾獴（*Suricata suricatta*）和斑鸫鹛（*Turdoides bicolor*）。

叉尾卷尾的法宝便是报假警，因为它们能模仿很多种报警叫声，在鸟类专家监测到的叉尾卷尾个体中，每个个体都能掌握 9 ～ 32 种不同的声音，被研究的几个小种群共记录到 51 种不同的报警声，其中只有 6 种是叉尾卷尾独有的，另外 45 种都是模仿其他动物的声音。

当叉尾卷尾真的发现天敌时，它会发出其特有的报警声，警告同伴和周围的其他动物注意警戒或躲藏。但是，在食物比较缺乏的季节，它们"腹黑"的一面就出来了。当狐獴或者斑鸫鹛找到一个比较大的昆虫时，叉尾卷尾就会发出虚假警报，前者就会顾不上即将到手的食物而逃窜躲藏，叉尾卷尾便坐享其成。

然而，受害者也没有那么傻，所谓再一再二不再三，同样的虚假警报多次重复之后，受害者往往也能够正确区分假情报和真情报了。但正所谓"道高一尺，魔高一丈"，当一种声音不起作用时，叉尾卷尾便会主动换一种警报声，例如通过加入其他物种的警报声降低受害者的警惕性，而且关键时刻还能够放大招——模仿出受害者同类发出的警报声，将受害者耍得团团转，而它们则可以继续不劳而获了。

大盘尾

除了叉尾卷尾，生活在斯里兰卡的大盘尾（*Dicrurus paradiseus*）、生活在亚马孙热带雨林中的白翅唐纳鹀（*Lanio versicolor*）和蓝蚁鹀（*Thamnomanes schistogynus*）也都会有类似的行为，但却没有像叉尾卷尾那般将"欺骗"技巧发挥到极致，这可能也和热带雨林中食物资源相对丰富有关。

通过对这些鸟类行为的研究可以发现，这些有"欺骗"技巧的鸟无一例外都是和其他鸟类混群生活，或者某些时段和其他鸟类混群，才有此机会去展现它们欺骗性的一面，来达到"损人利己"的目的。但至于这种行为到底在鸟类中有多普遍，还需要未来更多的野外观察记录和动物行为研究来揭晓答案。

丛鸦的防盗术

更有意思的是，有偷盗经验的鸟在藏食物的时候，往往也更有技巧。

以丛鸦（*Aphelocoma coerulescens*）为例。丛鸦有储藏食物的习惯，作为一种群体生活的鸟类，它们也会去偷同类储藏的食物。在藏食物时，有偷盗经验的个体会倾向于在同类不大容易观察到的地方储藏食物，或者等同类离开后再将食物转移到别的地方，而那些没有偷盗经验的个体则不善于此道。

这种行为似乎比叉尾卷尾要更"高级"一些，这些有偷盗经验的丛鸦，不光知道自己的食物可能会被偷，还知道采用小策略来迷惑欺骗那些潜在的偷盗者。

图书在版编目（CIP）数据

童话里走出的渡渡鸟 / 余一鸣主编 . -- 上海：少年儿童
出版社 , 2023.3

（多样的生命世界 . 悦读自然系列）

ISBN 978-7-5589-1467-6

Ⅰ . ①童… Ⅱ . ①余… Ⅲ . ①鸟类－少儿读物
Ⅳ . ① Q959.7-49

中国国家版本馆 CIP 数据核字 (2023) 第 045431 号

多样的生命世界·悦读自然系列

童话里走出的渡渡鸟

余一鸣　　主　编

王晓丹　　副主编

上海介末树影像设计有限公司　　封面设计

陈艳萍　　装　帧

出版人　　冯　杰

责任编辑　邱　平　　美术编辑　陈艳萍

责任校对　黄亚承　　技术编辑　陈钦春

出版发行　上海少年儿童出版社有限公司

地址　上海市闵行区号景路 159 弄 B 座 5-6 层　邮编 201101

印刷　上海中华印刷有限公司

开本 890×1240　1/32　印张 4.875

2023 年 5 月第 1 版　　2023 年 5 月第 1 次印刷

ISBN 978-7-5589-1467-6/ G · 3722

定价 48.00 元